四面体几何学引论

● 曾建国　著

哈尔滨工业大学出版社

内 容 简 介

本书主要收集了四面体几何元素的位置关系研究的新成果,全书分为两篇,共十章.本书应用类比的方法,将三角形中共点、共线、共圆等性质引申推广至四面体中,并得到一系列四面体中的共点、共面、共球等性质.希望本书的出版能为读者进一步开展四面体几何学研究提供参考.

本书可供中学数学教师及高中生、大学生在内的广大几何爱好者阅读,也可用作几何学及数学教育相关方向硕士研究生的教学参考书.

图书在版编目(CIP)数据

四面体几何学引论 / 曾建国著. -- 哈尔滨:哈尔滨工业大学出版社,2023.6
ISBN 978-7-5767-0767-0

Ⅰ.①四… Ⅱ.①曾… Ⅲ.①四面体 – 研究 Ⅳ.①O189

中国国家版本馆 CIP 数据核字(2023)第 058173 号

SIMIANTI JIHEXUE YINLUN

策划编辑 刘培杰 张永芹
责任编辑 聂兆慈
封面设计 孙茵艾
出版发行 哈尔滨工业大学出版社
社 址 哈尔滨市南岗区复华四道街 10 号 邮编 150006
传 真 0451 - 86414749
网 址 http://hitpress.hit.edu.cn
印 刷 哈尔滨市工大节能印刷厂
开 本 787 mm×1 092 mm 1/16 印张 11.5 字数 202 千字
版 次 2023 年 6 月第 1 版 2023 年 6 月第 1 次印刷
书 号 ISBN 978-7-5767-0767-0
定 价 68.00 元

序

　　在十几年前,我和曾建国教授就有过合作,申请研究"单形"的有关课题.最近,曾教授发来了他的新作《四面体几何学引论》的电子稿.该书主要收集了四面体中的位置关系研究的新成果,包括共点、共线、共面、共球等性质,其中绝大多数成果来自于作者本人近年所做的研究工作.诸如,四面体梅涅劳斯(Menelaus)定理和塞瓦(Ceva)定理的等价关系、四面体六点共面及六面共点的充要条件、四面体塞瓦定理的重心坐标形式、四面体的共轭重心、四面体的戴维斯(Davis)定理等.这本著作展现了数学花园中又一奇妙的数学花坛,呼唤我们去观赏! 这不仅可以欣赏四面体几何学的优美景象,而且可以让我们享受充满数学智慧的精彩游兴!

　　四面体是三角形的升维推广.在三角形几何学研究中,特别是三角形特征点研究领域,研究成果经过历代的积累,至今已发现的三角形特征点数以万计(在 Clak Kimberlin 所建网站 ETC 上记录的三角形特征点已超 4 万个[①]),我国学者吴悦辰在著作《三线坐标与三角形的特征点》中收录了三角形的特征点就有 3 千多个(都已知其重心坐标)[②].与之不同的是,四面体中已知的特征点却屈指可数,而知其重心坐标的点就更少了.例如,一般四面体不一定有垂心,即便有垂心的四面体,其垂心的重心坐标也不知怎样表述等.这是因为三角形与

---

① 一个专门研究三角形特征点的开放式交流平台"Encyclopedia of Triangle Centers[ETC]".
② 吴悦辰.三线坐标与三角形特征点[M].哈尔滨:哈尔滨工业大学出版社,2015.

四面体相比,四面体的复杂程度,以及有关计算的难度大大增加.例如,三角形两边夹一个角推广到四面体中,就出现了棱与棱的夹角、面与面的夹角、棱与面的夹角等,情况就复杂多了.因而,将三角形的有关结论,引申升维推广至四面体中的研究工作进展缓慢且举步维艰,研究成果也难得一见.值得庆贺的是,曾建国教授不畏艰难,坚持探究,为我们树立了榜样.这也正说明了四面体几何研究依然任重而道远,愿几何爱好者们,携起手来,挽起袖子一起来探索这个最常见的、也是最有活力的几何图形——四面体.

探索从三角形到四面体笔者曾做过尝试,并撰写了著作《从高维 Pythagoras 定理谈起——单形论漫淡》(哈尔滨工业大学出版社,2016),从研究单形的角度出发,探索三角形的高维推广.1 维单形就是线段,2 维单形就是三角形,3 维单形就是四面体.由 3 个 1 维单形合围生成 2 维单形,由 4 个 2 维单形合围生成 3 维单形,以此推广生成 n 维单形.为了便于研究和描述,从三角形的周界(边)向量表示以及三角形顶点的向量表示,分别引进 k 重向量及重心坐标,走进研究几何问题的代数化方向,这或许可以进一步探索四面体的有趣特性;这也许可以减少我们在研究四面体中的重复性劳动.曾建国教授在他的这部著作中,在第 7 章重点介绍了重心坐标法的应用,让我们看到了亮丽的风景.

最后,愿我们在《四面体几何学引论》中进行奇异的旅游吧!欣赏到有益心智的山水风景,享受到爬山登顶的别样乐趣!

沈文选

2023 年 3 月 28 日

前　言

　　与三角形在二维平面中的地位类似,四面体是三维空间中最简单、最基本的一种立体几何图形.一般认为,可以类比三角形的性质得出四面体的类似性质.人们确已通过类比三角形发现了四面体的众多优美性质,如四面体中的正弦定理、余弦定理、勾股定理、重心、外心、内心、旁心等性质,甚至诸如已知四面体六棱求二面角、六棱求积公式等难题也陆续被攻克.

　　但我们必须承认,三角形到四面体的类比并非都很轻松自如或简单明了.比如"三角形的三条高交于一点(垂心)"这一性质就无法直接类比到四面体中,这是因为四面体的四条高不一定交于一点.事实上,关于四面体仍有许许多多的问题(或者应该说是大部分问题)我们还没有弄清楚,四面体还有大量的性质等待人们去发现,正如杨路教授在《来自四面体的挑战》一文中所说:"事实证明,发展四面体的几何学比三角形几何学困难得多……"

　　20世纪末,几何不等式研究热潮兴起,有关四面体不等式的研究也取得了系列成果.例如,在《四面体不等式》(樊益武,2017)一书中收集的四面体不等式就有数百个.与不等式研究风生水起形成较大反差的是,四面体的其他几何性质的研究相对冷清,近年来很少见到这方面的创新研究成果.由此可见,诸如四面体中几何元素的位置关系等几何性质的研究可能比四面体不等式研究要困难得多. 这也许从三角形的欧拉(Euler)公式的推广研究历程中可见一斑.

将三角形的欧拉(Euler)公式 ——$d^2 = R^2 - 2Rr$(d 为三角形内心与外心的距离，R,r 分别为三角形外接圆、内切圆半径) 推广至四面体的道路可谓困难而曲折. 一个十分有趣的现象是，由公式 $d^2 = R^2 - 2Rr$ 导出的著名不等式 $R \geqslant 2r$(欧拉，1765 年) 早已被推广至四面体($R \geqslant 3r$，李迪森，1990) 甚至 n 维单形 ($R \geqslant nr$，1979 年，M. S. Klamkin) 中. 然而，四面体欧拉公式的推广研究却直至近期才有所突破. 据说(https://www.jzb.com/bang/798/48846628) 自 2013 年有人发起此项课题研究以来，直至 2019 年，由数位数学与计算机方面的顶级专家(包括 Creasson 在内) 协作，方才攻克此课题，最终推得四面体的欧拉公式 (Creasson 定理):

$$d^2 = R^2 - \frac{S_1 S_2 a_{12}{}^2 + S_1 S_3 a_{13}{}^2 + S_1 S_4 a_{14}{}^2 + S_2 S_3 a_{23}{}^2 + S_2 S_4 a_{24}{}^2 + S_3 S_4 a_{34}{}^2}{(S_1 + S_2 + S_3 + S_4)^2}$$

(其中 S_i 表示四面体 $A_1 A_2 A_3 A_4$ 顶点 A_i 所对侧面面积，a_{ij} 表示棱 $A_i A_j$ 的长)
这一结果已经比欧拉不等式晚了两百多年！

沈康身先生认为，数学之美在于其和谐、简练和奇巧. 几何学的魅力，正是由它的和谐、简练和奇巧之美所带来的. 在三角形几何学中，诸如三角形的九点圆、葛尔刚(Gergonne)点、西姆松(Simson)线等一大批共点、共线、共圆的优美性质令人拍案称奇，几何元素之间特殊的位置关系尤其能够体现数学的"奇巧"之美. 四面体几何学的创建同样需要大力开展这方面的研究，发掘四面体几何元素之间的特殊位置关系等几何性质.

本书主要收集了四面体中的位置关系研究的新成果，包括共点、共线、共面、共球等性质，绝大多数成果来自于作者本人近年来所做的研究工作. 其中，四面体的梅涅劳斯定理与塞瓦定理的等价关系(1.3 节)、四面体六点共面及六面共点的充要条件(第 2 章)、四面体塞瓦定理的重心坐标形式(第 7 章)、四面体的共轭重心(4.4 节)、四面体的戴维斯定理(8.2 节)等都是作者近一两年来最新的研究成果，而四面体的欧拉球面及斯俾克(Spieker)球面(第 9 章)及四面体十二点共球定理(10.1 节)等内容则选自熊曾润教授的研究成果.希望这些研究工作能为建造四面体几何学这座大厦做一点微薄的贡献,同时也希望本书的出版能够起到抛砖引玉的作用,引起广大几何爱好者的兴趣,使四面体几何学研究的队伍逐渐壮大起来,涌现出更多的四面体几何学研究新成果.

本书系江西省教育厅 2021 年度科技项目"三角形性质的高维推广研究"(GJJ211404)的主要研究成果.

在此要特别感谢湖南师范大学沈文选教授为本书作序!沈文选教授曾任全国初等数学研究会理事长,是欧氏几何、数学奥林匹克等研究领域的专家.沈文选教授为本书作序是对作者的鼓励和鞭策,同时也令本书增色.在此还要特别感谢哈尔滨工业大学出版社刘培杰数学工作室及刘培杰副社长、张永芹老师的大力支持和帮助!是他们对出版数学类书籍的不懈坚持和辛勤工作才使本书得以顺利出版.

受作者水平所限,书中必定有许多不完善及疏漏之处,恳请读者批评指正.

作　者

2022 年 11 月于赣州

1

第 1 篇

四面体的共点、共面问题

在三角形几何学中有大量关于共点线、共线点的美妙结论，由此形成三角形众多有名的点和线，如：三角形的重心、外心、内心、垂心、界心、葛尔刚点、费马（Fermat）点、欧拉线、西姆松线、莱莫恩（Lemoine）线 …… 正是这些奇妙的共点、共线定理使得三角形几何学精彩纷呈、魅力无穷.

这些优美性质中有些可以类比推广至四面体中. 例如，四面体的重心、内心、旁心、外心早已为人们熟知，欧拉线也被引申至四面体中.

本篇主要讨论四面体中的共点、共面、共线等特殊位置关系，介绍四面体中最新的有关共点、共面、共线的研究成果. 为此，我们有必要首先探讨在四面体中证明有关共点、共面、共线的重要定理，如四面体的梅涅劳斯定理、塞瓦定理，以及四面体笛沙格（Desargues）定理等.

第1章　四面体梅涅劳斯定理与塞瓦定理

在三角形中,证明共点线、共线点问题时,依据的最重要的定理就是三角形的梅涅劳斯定理、塞瓦定理. 将这两个定理推广至四面体中,可以得到四面体的梅涅劳斯定理、塞瓦定理,它们也是证明四面体中的共点、共面等结论的重要依据.

1.1　四面体梅涅劳斯定理

1　有关定理简介

梅涅劳斯定理是古希腊数学家、天文学家梅涅劳斯大约在公元 98 年发现的.

定理 1.1(三角形梅涅劳斯定理及逆定理)[①]　设 X,Y,Z 分别是 $\triangle ABC$ 的边 BC,CA,AB 所在直线上一点,则 X,Y,Z 三点共线的充要条件是

$$\frac{BX}{XC} \cdot \frac{CY}{YA} \cdot \frac{AZ}{ZB} = -1 \tag{1.1}$$

在等式(1.1)中,诸线段均为有向线段.

直到 19 世纪初,人们将梅涅劳斯定理引申推广至四面体中. 法国数学家卡诺(N. L. S. Carnot,1796—1832)于 1803 年发现了下面的定理(图 1.1).

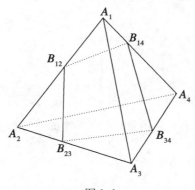

图 1.1

---

① Coxeter H S M,Greitzer S L 著,陈维恒,译. 几何学的新探索[M]. 北京:北京大学出版社,1986.

定理 1.2(四面体梅涅劳斯定理及逆定理)[①][②] 设四面体 $A_1A_2A_3A_4$ 的棱 A_iA_j 所在直线上一点为 $B_{ij}(1 \leqslant i < j \leqslant 4)$，则 $B_{12},B_{23},B_{34},B_{14}$ 四点共面的充要条件是

$$\frac{A_1B_{12}}{B_{12}A_2} \cdot \frac{A_2B_{23}}{B_{23}A_3} \cdot \frac{A_3B_{34}}{B_{34}A_4} \cdot \frac{A_4B_{14}}{B_{14}A_1} = 1 \qquad (1.2)$$

在定理 1.2 中，$B_{12},B_{23},B_{34},B_{14}$ 也可看作顺次在空间四边形 $A_1A_2A_3A_4$ 的四边所在直线上各取一点，因此定理 1.2 也可称为空间四边形梅涅劳斯定理及逆定理.

2. 应用举例

四面体梅涅劳斯定理是证明四面体中共面点命题的重要依据. 下面我们应用定理 1.2 将三角形一个共线点命题推广至四面体中.

运用三角形梅涅劳斯定理(定理 1.1)及三角形外角平分线性质很容易证明下面的性质(证明略,图 1.2).

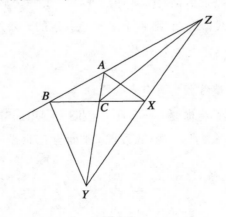

图 1.2

命题 1.1[③] 三角形的外角平分线与对边相交,三个交点共线.

将这个性质引申至三维空间,可得四面体的外二面角平分面的一个性质,即有:

---

① 沈康身. 数学的魅力(一)[M]. 上海:上海辞书出版社,2004:275.
② 洪凰翔,杨利民. 四面体中的 Menelaus 定理[J]. 中学数学,1999(7):46 – 47.
③ R. A. 约翰逊,著. 单墫,译. 近代欧氏几何学[M]. 上海:上海教育出版社,1999:126.

定理 1.3[①]   经过四面体的一条棱的外二面角平分面与对棱相交,六个交点共面.

所谓四面体的"外二面角"是指经过四面体同一条棱的一个侧面与另一个侧面的反向延展面所成的二面角(它与这两个侧面所成的"内二面角"互补).

四面体梅涅劳斯定理(定理 1.2)是有关四点共面的充要条件,而定理 1.3 中涉及六点共面,因此定理 1.3 的证明还需要下面的引理:

引理 1.1   三维空间的 $m(m \geqslant 4)$ 个点共面的充分必要条件是:这 m 个点中任意 4 点都共面.

证明:必要性是显然的,下证充分性:

设 m 个点中任意四点都共面,须证这 m 个点共面.

(i)若 m 个点在一条直线上,则这 m 个点显然共面.

(ii)若 m 个点不全在一条直线上,则其中必有三点不共线. 因此,经过此三点有且只有一个平面 π. 依题设可知,此 3 点以外的其他每个点均在平面 π 内. 即 m 个点在同一个平面 π 内. 命题得证.

引理 1.2**(葛尔刚定理**[②]**)**   四面体中一个二面角的内(外)平分平面将其对棱所分成两部分的比,等于其两邻面面积之比.

如图 1.3,根据引理 1.2 可得(考察有向线段的数量之比):

四面体 $A_1A_2A_3A_4$ 中,设顶点 A_1,A_2 所对侧面的面积为 S_1,S_2,若以 A_3A_4 为棱的外二面角平分面交对棱于点 P,则有 $\dfrac{A_2P}{PA_1} = -\dfrac{S_1}{S_2}$.

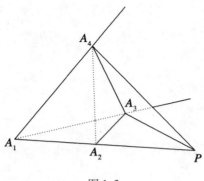

图 1.3

① 曾建国.三角形外角平分线的一个性质的空间推广[J].中学数学研究,2011(3):43.
② 朱德祥.初等几何复习及研究(立体几何)[M].北京:人民教育出版社,1960:129.

根据上述引理,我们可以证明定理 1.3.

定理 1.3 的证明:在四面体 $A_1A_2A_3A_4$ 中,设顶点 A_i 所对的面的面积为 S_i $(i=1,2,3,4)$.经过四面体 $A_1A_2A_3A_4$ 的各棱作外二面角平分面与对棱相交,设棱 A_iA_j 上的交点为 B_{ij},即要证明六个点 $B_{ij}(1 \leqslant i < j \leqslant 4)$ 共面.

根据引理 1.1 知,只需证六个点 $B_{ij}(1 \leqslant i < j \leqslant 4)$ 中任意四点共面.

在这六个点中任选四点,考察这 4 点分别所在的四条棱,有且只有下列两种情形:这四条棱中有三条棱共面,或者这四条棱中任意三条棱都不共面.

（ i ）当这四条棱中有三条棱共面时,则其中必有三条棱围成一个三角形(四面体的一个侧面).不妨设这四条棱依次是 $A_3A_4,A_2A_4,A_2A_3,A_1A_4$,其上的交点依次是 $B_{34},B_{24},B_{23},B_{14}$(图 1.4).下面证明此 4 点共面.

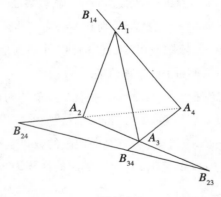

图 1.4

依题设,B_{34} 是过棱 A_1A_2 的外二面角平分面与 A_3A_4 的交点,根据引理 1.2 知

$$\frac{A_3B_{34}}{B_{34}A_4} = -\frac{S_4}{S_3}, \frac{A_4B_{24}}{B_{24}A_2} = -\frac{S_2}{S_4}, \frac{A_2B_{23}}{B_{23}A_3} = -\frac{S_3}{S_2}$$

因此有

$$\frac{A_3B_{34}}{B_{34}A_4} \cdot \frac{A_4B_{24}}{B_{24}A_2} \cdot \frac{A_2B_{23}}{B_{23}A_3} = -1$$

根据三角形梅涅劳斯定理(定理 1.1)知,B_{34},B_{24},B_{23} 三点共线.从而 B_{34}, B_{24},B_{23},B_{14} 四点共面.

（ ii ）当这 4 条棱中任意三条棱都不共面时,易知此四条棱必为一空间四边形的四边.不失一般性,设这四条棱构成空间四边形 $A_1A_2A_3A_4$,其上的四个交点依次为 $B_{12},B_{23},B_{34},B_{14}$(图 1.5).

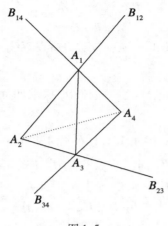

图 1.5

由引理 1.2 知

$$\frac{A_1B_{12}}{B_{12}A_2} = -\frac{S_2}{S_1}, \frac{A_2B_{23}}{B_{23}A_3} = -\frac{S_3}{S_2}, \frac{A_3B_{34}}{B_{34}A_4} = -\frac{S_4}{S_3}, \frac{A_4B_{14}}{B_{14}A_1} = -\frac{S_1}{S_4}$$

则有

$$\frac{A_1B_{12}}{B_{12}A_2} \cdot \frac{A_2B_{23}}{B_{23}A_3} \cdot \frac{A_3B_{34}}{B_{34}A_4} \cdot \frac{A_4B_{14}}{B_{14}A_1} = 1$$

由定理 1.2 的充分性即知,B_{12},B_{23},B_{34},B_{14} 四点共面.

至此已证明了在六个点 $B_{ij}(1 \leqslant i < j \leqslant 4)$ 中任意四点共面,根据引理1.1知,这 6 个点共面. 定理 1.3 获证.

三角形中有大量关于共线点的结论,其中的一些结论也可以引申推广至四面体中,我们在后面的章节中还会陆续介绍.

1.2　四面体塞瓦定理

1　有关定理简介

塞瓦定理是意大利数学家塞瓦(1648—1734) 于 1678 年发现的.

定理 2.1(三角形塞瓦定理及逆定理)[①]　设 X,Y,Z 分别是 $\triangle ABC$ 的边 BC,CA,AB 所在直线上一点,则 AX,BY,CZ 三线共点(或平行) 的充要条件是

① 矢野健太郎,著,陈永明,译.几何的有名定理[M].上海:上海科学技术出版社,1986:57 – 61.

$$\frac{BX}{XC} \cdot \frac{CY}{YA} \cdot \frac{AZ}{ZB} = 1 \qquad (2.1)$$

在定理 2.1 中,过三角形一顶点与对边所在直线上一点的直线称为此三角形的一条"塞瓦线".

人们尝试将这一定理推广至四面体中,探求四面体中 6 面共点的充要条件,得到下列结论(图 2.1):

定理 2.2[1][2][3]   设四面体 $A_1A_2A_3A_4$ 的棱 A_iA_j 上一点为 $B_{ij}(1 \leqslant i < j \leqslant 4)$,若六个平面 $A_1A_2B_{34}$,$A_1A_3B_{24}$,$A_1A_4B_{23}$,$A_2A_3B_{14}$,$A_2A_4B_{13}$,$A_3A_4B_{12}$ 交于一点,则

$$\frac{A_1B_{12}}{B_{12}A_2} \cdot \frac{A_2B_{23}}{B_{23}A_3} \cdot \frac{A_3B_{34}}{B_{34}A_4} \cdot \frac{A_4B_{14}}{B_{14}A_1} = 1 \qquad (2.2)$$

在文 [1][2][3] 中是这样论证的.

略证:依题设,定理 2.2 中所述的六个平面交于一点 M(见图 2.1).

现考察侧面 $A_2A_3A_4$. 因为三个平面 $A_1A_2B_{34}$,$A_1A_3B_{24}$,$A_1A_4B_{23}$ 有公共点 A_1 和 M,故此三平面交于直线 A_1M. 设 A_1M 与侧面 $A_2A_3A_4$ 交于 M_1,则 A_2B_{34},A_3B_{24},A_4B_{23} 交于一点 M_1. 由三角形塞瓦定理(定理 2.1)知

$$\frac{A_2B_{23}}{B_{23}A_3} \cdot \frac{A_3B_{34}}{B_{34}A_4} \cdot \frac{A_4B_{24}}{B_{24}A_2} = 1 \qquad (2.3)$$

同理可得

$$\frac{A_3B_{34}}{B_{34}A_4} \cdot \frac{A_4B_{14}}{B_{14}A_1} \cdot \frac{A_1B_{13}}{B_{13}A_3} = 1 \qquad (2.4)$$

$$\frac{A_1B_{12}}{B_{12}A_2} \cdot \frac{A_2B_{24}}{B_{24}A_4} \cdot \frac{A_4B_{14}}{B_{14}A_1} = 1 \qquad (2.5)$$

$$\frac{A_1B_{12}}{B_{12}A_2} \cdot \frac{A_2B_{23}}{B_{23}A_3} \cdot \frac{A_3B_{13}}{B_{13}A_1} = 1 \qquad (2.6)$$

上面四个等式相乘即得式(2.2).

将上面的推导过程反过来可得(证明略):

定理 2.3[4][5][6]   设四面体 $A_1A_2A_3A_4$ 的棱 A_iA_j 上一点为 $B_{ij}(1 \leqslant i < j \leqslant 4)$,

① 黄晓辉. 塞瓦定理的推广及应用[J]. 惠阳师专学报(自然科学版),1988(S1):18 - 20.
② 刘应平. 塞瓦定理的三维推广[J]. 中学数学,1991(11):25.
③ 黄乾辉. 四面体的若干重要几何性质[J]. 惠阳师专学报(自然科学版),1989(S1):46 - 50.
④ 黄晓辉. 塞瓦定理的推广及应用[J]. 惠阳师专学报(自然科学版),1988(S1):18 - 20.
⑤ 刘应平. 塞瓦定理的三维推广[J]. 中学数学,1991(11):25.
⑥ 黄乾辉. 四面体的若干重要几何性质[J]. 惠阳师专学报(自然科学版),1989(S1):46 - 50.

若四个等式(2.3),(2.4),(2.5),(2.6)中有三个成立,则六个平面 $A_1A_2B_{34}$,$A_1A_3B_{24}$,$A_1A_4B_{23}$,$A_2A_3B_{14}$,$A_2A_4B_{13}$,$A_3A_4B_{12}$ 交于一点.

上述两个定理完美地解决了四面体中六面共点的充分必要条件. 但有些美中不足的是,定理2.2与定理2.3并非互逆命题. 如果将这两个定理中六个平面改为四个平面,就有下面的互逆命题成立.

定理 2.4(四面体塞瓦定理及逆定理) 设四面体 $A_1A_2A_3A_4$ 的棱 A_iA_j 上一点为 $B_{ij}(1 \leq i < j \leq 4)$,则四个平面 $A_1A_2B_{34}$,$A_2A_3B_{14}$,$A_3A_4B_{12}$,$A_1A_4B_{23}$ 交于一点的充要条件是式(2.2)成立.

定理2.4也可称为空间四边形塞瓦定理及逆定理.

为证明定理2.4,我们引用下面的结论:

引理 2.1① 设 B_{ij} 为四面体 $A_1A_2A_3A_4$ 的棱 A_iA_j 上一点($1 \leq i < j \leq 4$),四个平面 $A_1A_2B_{34}$,$A_2A_3B_{14}$,$A_3A_4B_{12}$,$A_1A_4B_{23}$ 在四面体四个侧面上各形成两条交线,设每个侧面上的两交线都分别相交于一点 M_1,M_2,M_3,M_4(图2.1),则四线 A_1M_1,A_2M_2,A_3M_3,A_4M_4 共点的充要条件是式(2.2)成立.

定理2.4的证明:依题设,B_{ij} 是棱 $A_iA_j(1 \leq i < j \leq 4)$ 上的点,四个平面 $A_1A_2B_{34}$,$A_2A_3B_{14}$,$A_3A_4B_{12}$,$A_1A_4B_{23}$ 在四面体四个侧面上各形成两条交线,则每个侧面上的两交线必相交于一点,依次为 M_1,M_2,M_3,M_4(图2.1),于是四个平面 $A_1A_4B_{23}$,$A_1A_2B_{34}$,$A_2A_3B_{14}$,$A_3A_4B_{12}$ 顺次两两相交于直线 A_1M_1,A_2M_2,A_3M_3,A_4M_4.

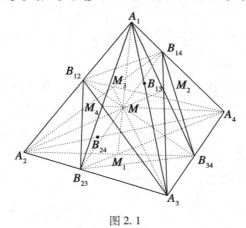

图 2.1

（ⅰ）必要性. 若四个平面 $A_1A_2B_{34}$,$A_2A_3B_{14}$,$A_3A_4B_{12}$,$A_1A_4B_{23}$ 交于一点 M,

① 苏化明. 四面体[M]. 哈尔滨:哈尔滨工业大学出版社,2018:73 – 76.

则 M 也是 $A_1M_1,A_2M_2,A_3M_3,A_4M_4$ 的公共点,由引理2.1的必要性知式(2.2)成立.

（ ii ）充分性. 由引理2.1的充分性知,若式(2.2)成立,则四条线 A_1M_1, A_2M_2,A_3M_3,A_4M_4 交于一点 M,M 显然也是四个平面 $A_1A_2B_{34},A_2A_3B_{14},A_3A_4B_{12}$, $A_1A_4B_{23}$ 的公共点. 证毕.

2 应用举例

在证明四面体中多面共点的命题时,应用四面体塞瓦定理比其他方法更为方便快捷. 下面我们举例说明.

例2.1(四面体重心定理)[①] 四面体的一条棱与对棱中点确定的平面称为四面体的中面,证明:四面体的六个中面交于一点.

证明:设四面体 $A_1A_2A_3A_4$ 的棱 A_iA_j 的中点为 $B_{ij}(1 \leqslant i < j \leqslant 4)$,即要证六个平面 $A_1A_2B_{34},A_1A_3B_{24},A_1A_4B_{23},A_2A_3B_{14},A_2A_4B_{13},A_3A_4B_{12}$ 交于一点.

因 B_{ij} 是棱 A_iA_j 的中点,故 $\dfrac{A_iB_{ij}}{B_{ij}A_j} = 1(1 \leqslant i < j \leqslant 4)$,于是四个等式(2.3), (2.4),(2.5),(2.6) 均成立,根据定理 2.3 知,六个平面 $A_1A_2B_{34},A_1A_3B_{24}$, $A_1A_4B_{23},A_2A_3B_{14},A_2A_4B_{13},A_3A_4B_{12}$ 交于一点. 证毕.

例2.2(四面体内心定理)[②] 四面体的六个内二面角平分面交于一点.

证明:四面体 $A_1A_2A_3A_4$ 的内二面角平分面与对棱相交,设棱 A_iA_j 上的交点为 $B_{ij}(1 \leqslant i < j \leqslant 4)$,即要证六个平面 $A_1A_2B_{34},A_1A_3B_{24},A_1A_4B_{23},A_2A_3B_{14}$, $A_2A_4B_{13},A_3A_4B_{12}$ 交于一点.

设顶点 A_k 所对侧面面积为 $S_k(k = 1,2,3,4)$,根据葛尔刚定理(§1.1引理 1.2)知, $\dfrac{A_iB_{ij}}{B_{ij}A_j} = \dfrac{S_j}{S_i}(1 \leqslant i < j \leqslant 4)$,于是 $\dfrac{A_2B_{23}}{B_{23}A_3} \cdot \dfrac{A_3B_{34}}{B_{34}A_4} \cdot \dfrac{A_4B_{24}}{B_{24}A_2} = \dfrac{S_3}{S_2} \cdot \dfrac{S_4}{S_3} \cdot \dfrac{S_2}{S_4} = 1$. 即等式(2.3) 成立.

同理知式(2.4),(2.5),(2.6) 均成立.

根据定理 2.3 知,六个平面 $A_1A_2B_{34},A_1A_3B_{24},A_1A_4B_{23},A_2A_3B_{14},A_2A_4B_{13}$, $A_3A_4B_{12}$ 交于一点. 证毕.

---

① 耿恒考. 四面体的重心与垂心的性质[J]. 数学通报,2010(10):55 - 57.
② 苗国. 四面体的五"心"—— 重心、外心、内心、旁心和垂心[J]. 数学通报,1993(9):21 - 24.

1.3　四面体的梅涅劳斯定理
与塞瓦定理的等价关系

1　四面体的梅涅劳斯定理与塞瓦定理的相关性

在 1.1 节与 1.2 节中,我们得到四面体的梅涅劳斯定理与塞瓦定理:

定理 3.1(四面体梅涅劳斯定理及逆定理)　设四面体 $A_1A_2A_3A_4$ 的棱 A_iA_j 所在直线上一点为 $B_{ij}(1 \leq i < j \leq 4)$,则 $B_{12}, B_{23}, B_{34}, B_{14}$ 四点共面的充要条件是

$$\frac{A_1B_{12}}{B_{12}A_2} \cdot \frac{A_2B_{23}}{B_{23}A_3} \cdot \frac{A_3B_{34}}{B_{34}A_4} \cdot \frac{A_4B_{14}}{B_{14}A_1} = 1 \tag{3.1}$$

定理 3.2(四面体塞瓦定理及逆定理)　设四面体 $A_1A_2A_3A_4$ 的棱 A_iA_j 上一点为 $B_{ij}(1 \leq i < j \leq 4)$,则四个平面 $A_1A_2B_{34}, A_2A_3B_{14}, A_3A_4B_{12}, A_1A_4B_{23}$ 交于一点的充要条件是

$$\frac{A_1B_{12}}{B_{12}A_2} \cdot \frac{A_2B_{23}}{B_{23}A_3} \cdot \frac{A_3B_{34}}{B_{34}A_4} \cdot \frac{A_4B_{14}}{B_{14}A_1} = 1 \tag{3.2}$$

读者是否发现上面两个定理十分相像?我们先看不同点.

前者是四点共面,后者是四面共点.

仔细比较这两个定理我们会发现还有一个细节不同:定理 3.2 限定了"B_{ij} 是棱 A_iA_j 上一点",与定理 3.1 中"B_{ij} 是棱 A_iA_j 所在直线上一点"不同. 如果不加此限定,根据三角形塞瓦定理的逆定理(1.2 节定理 2.1),定理 3.2 可能出现三条塞瓦线平行(而不是交于一点)的情形,导致定理 3.2 的结论有可能不成立(也有可能成立,此问题我们在第 2 章还会继续讨论).

当然我们可以效仿在欧氏平面内引入"无穷远点",使三角形塞瓦定理及逆定理(1.2 节定理 2.1)无须区分"平行"与"共点"的方法①,或许也能(通过引入"无穷远直线")将三维空间中几个平面"平行"与"共线"(交于一直线)视为同一情形. 但由于空间的情形较为复杂、抽象,我们还是采用对平面之间的"平行"与"共线"加以区分,仍按照通俗的表述方式.

至于上面两个定理的相同之处读者或许早已发现:其充要条件即等式

---

① R. A. 约翰逊,著. 单墫,译. 近代欧氏几何学[M].上海:上海教育出版社,1999:4 – 6;123 – 125.

（3.1）和（3.2）完全相同（以下统一称式（3.1））!

这是否意味着四面体中此类"四点共面"与"四面共点"乃至"六面共点"之间存在某种相关性?本节将探讨这个问题,揭示四面体的塞瓦定理与梅涅劳斯定理的等价关系并说明其应用.

2 "四点共面"与"四面共点"之间的等价关系

通过前文对定理 3.1 与定理 3.2 的分析可知,在统一的题设条件"B_{ij} 为四面体 $A_1A_2A_3A_4$ 的棱 A_iA_j 上一点"下,有（图 3.1）:

四点 $B_{12},B_{23},B_{34},B_{14}$ 共面 $\Leftrightarrow \dfrac{A_1B_{12}}{B_{12}A_2} \cdot \dfrac{A_2B_{23}}{B_{23}A_3} \cdot \dfrac{A_3B_{34}}{B_{34}A_4} \cdot \dfrac{A_4B_{14}}{B_{14}A_1} = 1 \Leftrightarrow$ 四个平面 $A_1A_2B_{34},A_2A_3B_{14},A_3A_4B_{12},A_1A_4B_{23}$ 共点.

这说明四面体中的上述"四点共面"与"四面共点"之间存在等价关系,即有:

定理 3.3 设四面体 $A_1A_2A_3A_4$ 的棱 A_iA_j 上一点为 $B_{ij}(1 \leqslant i < j \leqslant 4)$,则四个平面 $A_1A_2B_{34},A_2A_3B_{14},A_3A_4B_{12},A_1A_4B_{23}$ 交于一点的充要条件是四点 $B_{12},B_{23},B_{34},B_{14}$ 共面.

略证: 根据定理 3.1（将题设限定为"B_{ij} 是棱 A_iA_j 上一点"）和定理 3.2 即知定理 3.3 为真.

为了剖析定理 3.3 中的"四点共面"与"四面共点"之间等价关系的实质,我们再给出一种不需要借助式（3.1）,而直接从位置关系的角度导出定理 3.3 的证法.

定理 3.3 的另证:（ⅰ）必要性.

如图 3.1,设四个平面 $A_1A_2B_{34},A_2A_3B_{14},A_3A_4B_{12},A_1A_4B_{23}$ 交于一点 M.

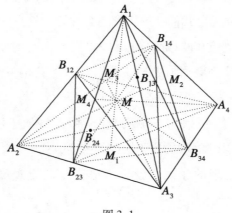

图 3.1

由于 $B_{12}B_{34}$ 是平面 $A_1A_2B_{34}$ 与 $A_3A_4B_{12}$ 的交线、$B_{23}B_{14}$ 是平面 $A_2A_3B_{14}$ 与 $A_1A_4B_{23}$ 的交线,因此 M 也是直线 $B_{12}B_{34}$,$B_{23}B_{14}$ 的公共点. 即 $B_{12}B_{34}$,$B_{23}B_{14}$ 相交于 M,故四点 B_{12},B_{23},B_{34},B_{14} 共面.

（ii）充分性.

如图 3.1,因 B_{12},B_{23},B_{34},B_{14} 都是四面体棱上(而非其延长线上)的点,若此四点共面,则 $B_{12}B_{34}$ 与 $B_{23}B_{14}$ 必有公共点 M.[注1]

由 $M \in B_{12}B_{34}$ 知,$M \in$ 平面 $A_1A_2B_{34}$,$M \in$ 平面 $A_3A_4B_{12}$;

由 $M \in B_{23}B_{14}$ 知,$M \in$ 平面 $A_2A_3B_{14}$,$M \in$ 平面 $A_1A_4B_{23}$.

即四个平面 $A_1A_2B_{34}$,$A_2A_3B_{14}$,$A_3A_4B_{12}$,$A_1A_4B_{23}$ 交于一点 M. 证毕.

[注1] 极端情形(如 B_{12},B_{14} 重合于 A_1；B_{23},B_{34} 重合于 A_3)下 $B_{12}B_{34}$ 与 $B_{23}B_{14}$ 可能重合为同一直线,它们仍有公共点.

定理 3.3 中,条件 B_{ij} 为四面体 $A_1A_2A_3A_4$ 的"棱 A_iA_j 上一点"不能放宽为"棱 A_iA_j 所在直线上一点",特举反例如下.

如图 3.2,设 $B_{12}B_{34}$ ∥ $B_{23}B_{14}$(B_{23},B_{34} 分别在棱 A_2A_3,A_3A_4 的延长线上),设平面 $A_1A_2B_{34}$ 与 $A_1A_4B_{23}$ 交于 A_1M_1,平面 $A_2A_3B_{14}$ 与 $A_3A_4B_{12}$ 交于 A_3M_3,则有 $B_{12}B_{34}$ ∥ A_1M_1 ∥ A_3M_3,显然题设中四个平面不共点,即此时定理 3.3 的结论不成立.

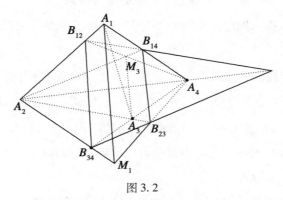

图 3.2

通过上述分析又可知,在定理 3.3 中,我们只需将充要条件限定为 $B_{12}B_{34}$ 与 $B_{23}B_{14}$ 交于一点,则可将题设中诸点 B_{ij} 的位置放宽为"棱 A_iA_j 所在直线上一点",结论仍成立,即有("定理 3.3 的另证"的证法仍适用,证略):

定理 3.4　设四面体 $A_1A_2A_3A_4$ 的棱 A_iA_j 所在直线上一点为 $B_{ij}(1 \leqslant i < j \leqslant 4)$,则四个平面 $A_1A_2B_{34}$,$A_2A_3B_{14}$,$A_3A_4B_{12}$,$A_1A_4B_{23}$ 交于一点 M 的充要条件是

$B_{12}B_{34}$ 与 $B_{23}B_{14}$ 交于一点 M.

如果借助 n 维单形中的有关结论,那么可让我们对定理 3.3 中的等价关系看得更清楚.

定理 3.5[①] 设 n 维单形 σ_n 的顶点集为 $A_0,A_1,\cdots,A_n$,棱 A_iA_{i+1} 或其延长线上一点 A'_i 分线段 A_iA_{i+1} 的比为 $k_i(i=0,1,2,\cdots,n,A_{n+1}\equiv A_0)$,则:

(i)$n+1$ 个点 $A'_0,A'_1,\cdots,A'_n$ 共 $n-1$ 维超平面的充要条件是

$$\prod_{i=0}^{n}k_i=(-1)^{n+1} \qquad (3.3)$$

(ii)过 n 个点 $A_0,A_1,\cdots,A_{i-1},A_{i+2},\cdots,A_n,A'_i$ 的 $n-1$ 维超平面为 $\pi_i(i=0,1,2,\cdots,n,A_{-1}\equiv A_n,A_{n+2}\equiv A_1)$,则 $n+1$ 个 $n-1$ 维超平面 $\pi_0,\pi_1,\cdots,\pi_n$ 交于一点的充要条件是

$$\prod_{i=0}^{n}k_i=1 \qquad (3.4)$$

在定理 3.5 中令 $n=3$ 就得到定理 3.1 与定理 3.2,且由于 $n=3$ 时,式(3.3)与(3.4)完全相同(为 $k_0k_1k_2k_3=1$),进而可得定理 3.3. 显然定理 3.3 中的这种共面与共点之间的等价关系还可以引申至一般的 $n(n$ 为奇数)维单形中.

3 "四点共面"与"六面共点"之间的等价关系

下面进一步揭示四面体中"六面共点"与"四点共面"之间的等价关系,我们有下面的定理.

定理 3.6 设四面体 $A_1A_2A_3A_4$ 的棱 A_iA_j 上一点为 $B_{ij}(1\leqslant i<j\leqslant 4)$,分成三对点(称一组对棱上的两点为一对点):$B_{12},B_{34};B_{23},B_{14};B_{13},B_{24}$. 若此六点不共面[注2],则六个平面 $A_1A_2B_{34},A_1A_3B_{24},A_1A_4B_{23},A_2A_3B_{14},A_2A_4B_{13},A_3A_4B_{12}$ 交于一点的充要条件是上述三对点中每两对点(四点)都共面.

证明:(i)必要性.

如图 3.1,若题设中的六个平面交于一点 M,则其中任意四个平面都交于点 M,由定理 3.3 的必要性即知 $B_{12},B_{34};B_{23},B_{14};B_{13},B_{24}$ 这三对点中每两对点(四点)都共面.

---

① 杨世国,余静. 关于 n 维情形的 Menelaus 定理与 Ceva 定理[J]. 太原科技大学学报,2007,28(1):57-59.

（ⅱ）充分性.

设 $B_{12},B_{34};B_{23},B_{14};B_{13},B_{24}$ 这三对点中每两对点（四点）都共面（图3.1）.与定理3.3的充分性的证明类似可得，$B_{12}B_{34}$ 与 $B_{23}B_{14}$ 必有公共点 M，$B_{12}B_{34}$ 与 $B_{13}B_{24}$ 必有公共点 M'，$B_{23}B_{14}$ 与 $B_{13}B_{24}$ 必有公共点 M''. 下面证明 M,M',M'' 是同一点.

先证明 $B_{12}B_{34},B_{23}B_{14},B_{13}B_{24}$ 是相异的三条直线. 用反证法.

不妨设直线 $B_{12}B_{34}$ 与 $B_{23}B_{14}$ 为同一直线（即重合为 A_1A_3 或 A_2A_4），此直线又与 $B_{13}B_{24}$ 共点，则六点 $B_{12},B_{34},B_{23},B_{14},B_{13},B_{24}$ 共面，与题设矛盾！

注意到 M,M',M'' 是相异三直线两两相交的交点，如果 M,M',M'' 三点中有两点不重合，则此三点互不重合且不共线，于是它们确定一个平面 $MM'M''$，则六点 $B_{12},B_{34},B_{23},B_{14},B_{13},B_{24}$ 共面，与题设矛盾！

由此可知，M,M',M'' 是同一点，即 $B_{12}B_{34},B_{23}B_{14},B_{13}B_{24}$ 交于一点 M. 由此不难得出题设中六面共点的结论.

事实上，在定理3.3的充分性中，由 $B_{12}B_{34}$ 与 $B_{23}B_{14}$ 交于一点 M 已证得：四个平面 $A_1A_2B_{34},A_2A_3B_{14},A_3A_4B_{12},A_1A_4B_{23}$ 交于一点 M.

又由 $M\in B_{13}B_{24}$ 知，$M\in$ 平面 $A_1A_3B_{24}$，$M\in$ 平面 $A_2A_4B_{13}$，即上述六面共点. 证毕.

［注2］：定理3.6的题设"$B_{12},B_{34},B_{23},B_{14},B_{13},B_{24}$ 六点不共面"的限制是必不可少的. 如图3.3，当 B_{12},B_{13},B_{14} 分别与顶点 A_2,A_3,A_4 重合时，则 $B_{12},B_{34},B_{23},B_{14},B_{13},B_{24}$ 六点共面，显然此六点中每两对点都共面，但题设六个平面不一定共点（图3.3中 M,M',M'' 可能是相异的三点）. 表明此时定理3.6的充分性不成立.

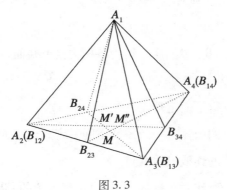

图3.3

15

而下面的结论则不需要另加限制条件,而且与定理 3.4 类似,诸点 B_{ij} 的位置可放宽为"棱 A_iA_j 所在直线上一点",因此显得更完美.

定理 3.7　设四面体 $A_1A_2A_3A_4$ 的棱 A_iA_j 所在直线上一点为 $B_{ij}(1 \leqslant i < j \leqslant 4)$,则六个平面 $A_1A_2B_{34}$,$A_1A_3B_{24}$,$A_1A_4B_{23}$,$A_2A_3B_{14}$,$A_2A_4B_{13}$,$A_3A_4B_{12}$ 交于一点 M 的充要条件是:$B_{12}B_{34}$,$B_{23}B_{14}$,$B_{13}B_{24}$ 交于一点 M.

证明:(ⅰ) 充分性.

若 $B_{12}B_{34}$,$B_{23}B_{14}$,$B_{13}B_{24}$ 交于一点 M(图 3.1),根据定理 3.4 的充分性,由 $B_{12}B_{34}$,$B_{23}B_{14}$ 交于点 M,可得平面 $A_1A_2B_{34}$,$A_2A_3B_{14}$,$A_3A_4B_{12}$,$A_1A_4B_{23}$ 交于点 M;由 $B_{12}B_{34}$,$B_{13}B_{24}$ 交于点 M,可得平面 $A_1A_2B_{34}$,$A_2A_4B_{13}$,$A_3A_4B_{12}$,$A_1A_3B_{24}$ 交于点 M. 故六个平面 $A_1A_2B_{34}$,$A_1A_3B_{24}$,$A_1A_4B_{23}$,$A_2A_3B_{14}$,$A_2A_4B_{13}$,$A_3A_4B_{12}$ 交于点 M.

(ⅱ) 必要性.

若六个平面 $A_1A_2B_{34}$,$A_1A_3B_{24}$,$A_1A_4B_{23}$,$A_2A_3B_{14}$,$A_2A_4B_{13}$,$A_3A_4B_{12}$ 交于一点 M,则此六个平面中的任意四个都交于点 M,由定理 3.4 的必要性可得 $B_{12}B_{34}$,$B_{23}B_{14}$,$B_{13}B_{24}$ 交于一点 M. 证毕.

4　应用举例

前面的分析已揭示了四面体中有关共面与共点之间的内在联系,应用本节的有关结论,还可以发掘出四面体中的一些新的共点、共面命题.

例如,应用定理 3.3 立即可得下面定理:

定理 3.8　作四面体 $A_1A_2A_3A_4$ 的一截面,分别交于棱 A_1A_2,A_2A_3,A_3A_4,A_1A_4 上一点 B_{12},B_{23},B_{34},B_{14},则四个平面 $A_3A_4B_{12}$,$A_1A_4B_{23}$,$A_1A_2B_{34}$,$A_2A_3B_{14}$ 交于一点.

略证:依题设 B_{12},B_{23},B_{34},B_{14}(均为各棱内点)共面,根据定理 3.3 的充分性即知结论成立.

应用定理 3.7 可得下面定理.

定理 3.9　经过四面体每一条棱及空间一定点作平面与对棱相交,则每一组对棱上的两个交点的连线三线共点.

略证:依题设知,所作六个平面共点,由定理 3.7 的必要性知结论成立.

定理 3.9 内涵丰富,考察其特例可得一些有趣的结论.

由四面体重心定理(1.2 节例 2.1)及四面体内心定理(1.2 节例 2.2)可得:

命题 3.1　四面体两组对棱的中点四点共面;每一组对棱上中点连线,所得三线共点(重心).

命题 3.2　四面体的内二面角平分面与对棱相交,则两组对棱上的交点四点共面;每一组对棱上的交点连线,所得三线共点(内心).

略证:显然,四面体的各棱中点、内二面角平分面与对棱交点均为所在棱的内点,由定理 3.3 及定理 3.7 即知结论成立.

命题 3.3　过垂心四面体一棱作对棱的垂面(必存在)分别与对棱相交,每一组对棱上的交点的连线三线共点(垂心).

同样由定理 3.7 可知命题 3.2 的结论成立.

后文中还有许多共点面结论都可以依据本节定理导出相应的共面点、共点线的新命题;同样,由某些共点面结论也可导出相应的共点面(线)命题.

第2章 四面体六面共点、六点共面的充要条件

在第1章中我们讨论了四面体梅涅劳斯定理、四面体塞瓦定理以及它们的等价关系,并举例说明了这两个定理在解决四面体中的共点面、共面点问题中的应用.

在三角形中,应用梅涅劳斯定理、塞瓦定理证明三线共点、三点共线问题时,步骤简单,直截了当,显得十分便捷. 与之不同的是,在四面体中,应用四面体梅涅劳斯定理或四面体塞瓦定理证明六面共点、六点共面问题时,就显得不够便捷.

这是由于四面体梅涅劳斯定理及逆定理(1.1节定理1.2)给出的是四面体中四点(而非六点)共面的充要条件,导致六点共面问题的证明无法一步到位,往往需要进行复杂的分类讨论(如1.1节定理1.3的证明),四面体塞瓦定理及逆定理(1.2节定理2.4)的情况也类似,而其他有关六面共点的条件也都显得有些烦琐(如1.2节定理2.3、1.3节定理3.7). 总之,它们都不如三角形中应用梅涅劳斯定理、塞瓦定理那么方便.

本章尝试探求四面体中有关六面共点和六点共面的更为便捷的条件,力求改进此类问题的解决方法.

2.1 四面体六面共点的一个充要条件①

1 四面体六面共点的一个充要条件

为便于叙述,约定:四面体 $A_1A_2A_3A_4$ 中,顶点 A_k 所对的侧面记为 Δ_k($1 \leqslant k \leqslant 4$).

苏化明在其论著《四面体》中证明了下面的结论(1.2节引理2.1,参见图1.1):

---

① 曾建国. 四面体六面共点的一个充要条件[J]. 中学数学研究,2022(7)(下半月):35 – 37.

命题 1.1[①] 设 B_{ij} 是四面体 $A_1A_2A_3A_4$ 的棱 A_iA_j 上一点$(1 \leqslant i < j \leqslant 4)$,如果每个侧面 Δ_k 上的三条塞瓦线(三角形的顶点与对边上的点 B_{ij} 的连线,下同)都分别交于一点 $M_k(1 \leqslant k \leqslant 4)$(例如侧面 Δ_1 内有 A_2B_{34},A_3B_{24},A_4B_{23} 交于一点 M_1,等等),那么 A_1M_1,A_2M_2,A_3M_3,A_4M_4 必交于一点.

上述结论可以推广.

一方面,题设中 B_{ij} 是四面体 $A_1A_2A_3A_4$ 的"棱 A_iA_j 上一点"可以放宽为"棱 A_iA_j 所在直线上一点";另一方面,由结论"A_1M_1,A_2M_2,A_3M_3,A_4M_4 交于一点 M"可得"六个平面 $A_1A_2B_{34}$,$A_1A_3B_{24}$,$A_1A_4B_{23}$,$A_2A_3B_{14}$,$A_2A_4B_{13}$,$A_3A_4B_{12}$ 交于一点 M".而且,反过来结论也成立,由此可得关于四面体中六面共点的必要、充分条件.

定理 1.1(必要条件) 设 B_{ij} 是四面体 $A_1A_2A_3A_4$ 的棱 A_iA_j 所在直线上一点 $(1 \leqslant i < j \leqslant 4)$,如果六个平面 $A_1A_2B_{34}$,$A_1A_3B_{24}$,$A_1A_4B_{23}$,$A_2A_3B_{14}$,$A_2A_4B_{13}$,$A_3A_4B_{12}$ 交于一点 M(M 非四面体顶点[注1]),那么每个侧面 Δ_k 上的三条塞瓦线都各交于一点 $M_k(1 \leqslant k \leqslant 4)$ 或平行.

证明:设平面 $A_1A_2B_{34}$,$A_1A_3B_{24}$,$A_1A_4B_{23}$,$A_2A_3B_{14}$,$A_2A_4B_{13}$,$A_3A_4B_{12}$ 交于一点 M,点 M 的位置有且只有下列两种情形:

(ⅰ)直线 A_kM 与顶点 A_k 所对侧面 $\Delta_k(1 \leqslant k \leqslant 4)$ 都不平行,则它们相交于一点 $M_k(1 \leqslant k \leqslant 4)$.

如图 1.1,因 A_1M 与侧面 Δ_1 交于点 M_1,显然 M_1 就是 A_2B_{34},A_3B_{24},A_4B_{23} 的交点.同理可证顶点 A_k 所对侧面 Δ_k 上的三条塞瓦线交于一点 $M_k(2 \leqslant k \leqslant 4)$.

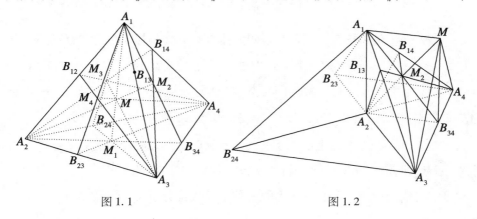

图 1.1   图 1.2

---

① 苏化明.四面体[M].哈尔滨:哈尔滨工业大学出版社,2018:74.

（ⅱ）存在直线 A_kM 与顶点 A_k 所对的侧面 $\Delta_k(1 \leqslant k \leqslant 4)$ 平行的情形.

如图 1.2,设 $A_1M \parallel$ 侧面 Δ_1,容易证明 Δ_1 中三条塞瓦线互相平行,即有 $A_3B_{24} \parallel A_2B_{34} \parallel A_4B_{23}$.

事实上,因 M 是题设中六个平面的公共点,则平面 $A_1A_2B_{34}$,$A_1A_3B_{24}$, $A_1A_4B_{23}$ 交于直线 A_1M,由 $A_1M \parallel$ 侧面 Δ_1 可知 $A_1M \parallel A_3B_{24}$,$A_1M \parallel A_2B_{34}$, $A_1M \parallel A_4B_{23}$. 证毕.

［注 1］:定理 1.1 中限定"M 非四面体顶点"是必不可少的.

如图 1.3,当六个平面 $A_1A_2B_{34}$,$A_1A_3B_{24}$,$A_1A_4B_{23}$,$A_2A_3B_{14}$,$A_2A_4B_{13}$,$A_3A_4B_{12}$ 交于一点 M 为顶点 A_1 时,在侧面 Δ_1 内,A_2B_{34},A_3B_{24},A_4B_{23} 不一定共点,定理 1.1 的结论不成立.

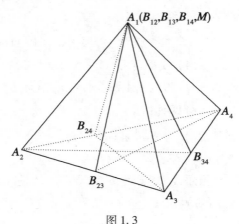

图 1.3

定理 1.2（充分条件） 设 B_{ij} 是四面体 $A_1A_2A_3A_4$ 的棱 A_iA_j 所在直线上一点 $(1 \leqslant i < j \leqslant 4)$,如果每个侧面 Δ_i 上的三条塞瓦线都分别交于一点 $M_k(1 \leqslant k \leqslant 4)$ 或平行[注2],且 A_1M_1,A_2M_2,A_3M_3,A_4M_4 互不平行,那么 6 个平面 $A_1A_2B_{34}$,$A_1A_3B_{24}$,$A_1A_4B_{23}$,$A_2A_3B_{14}$,$A_2A_4B_{13}$,$A_3A_4B_{12}$ 交于一点.

［注2］:当某侧面 Δ_k 上的三条塞瓦线平行时,点 M_k 应视为这组平行线上的无穷远点,即 A_kM_k 也与这组平行线平行,因而 $A_kM_k \parallel$ 侧面 Δ_k.

证明:依题设,每个侧面 Δ_k 上的三条塞瓦线都分别交于一点 $M_k(1 \leqslant k \leqslant 4)$ 或平行.

在侧面 Δ_1 内,由 A_2B_{34},A_3B_{24},A_4B_{23} 交于一点 M_1 知,平面 $A_1A_2B_{34}$,$A_1A_3B_{24}$,

$A_1A_4B_{23}$ 相交于直线 A_1M_1（若侧面 Δ_1 上的三条塞瓦线平行，即 A_3B_{24} ∥ A_2B_{34} ∥ A_4B_{23}，则仍有平面 $A_1A_2B_{34}$，$A_1A_3B_{24}$，$A_1A_4B_{23}$ 交于直线 A_1M_1 且 A_1M_1 ∥ 侧面 Δ_1（参照图 1.2））.

同理可得：

平面 $A_1A_2B_{34}$，$A_2A_3B_{14}$，$A_2A_4B_{13}$ 相交于直线 A_2M_2；

平面 $A_1A_3B_{24}$，$A_2A_3B_{14}$，$A_3A_4B_{12}$ 相交于直线 A_3M_3；

平面 $A_1A_4B_{23}$，$A_2A_4B_{13}$，$A_3A_4B_{12}$ 相交于直线 A_4M_4.

依题设可证明，直线 A_1M_1 与平面 $A_2A_3B_{14}$ 必相交于一点 M.

事实上，假设 A_1M_1 ∥ 平面 $A_2A_3B_{14}$，如图 1.4，注意到平面 $A_1A_3B_{24}$ 经过 A_1M_1，且与平面 $A_2A_3B_{14}$ 相交于 A_3M_3，则有 A_1M_1 ∥ A_3M_3，与题设矛盾！故直线 A_1M_1 与平面 $A_2A_3B_{14}$ 必相交于一点 M.

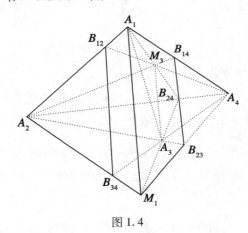

图 1.4

因为 $M \in A_1M_1 \subset$ 平面 $A_1A_2B_{34}$，又 $M \in$ 平面 $A_2A_3B_{14}$，所以 $M \in A_2M_2$. 同理可证 $M \in A_3M_3$，$M \in A_4M_4$.

这就表明点 M 是 6 个平面 $A_1A_2B_{34}$，$A_1A_3B_{24}$，$A_1A_4B_{23}$，$A_2A_3B_{14}$，$A_2A_4B_{13}$，$A_3A_4B_{12}$ 的公共点. 定理 1.2 获证.

在定理 1.2 中我们看到，如果某侧面 Δ_k 上的三条塞瓦线平行，那么有 A_kM_k ∥ 侧面 Δ_k，因此，四面体中三条塞瓦线平行的侧面有可能出现 1 或 3 个. 不可能出现 4 个侧面的塞瓦线都分别平行的情形. 这是因为在定理 1.2 的条件下可得，A_1M_1，A_2M_2，A_3M_3，A_4M_4 交于一点 M，若 4 个侧面的塞瓦线都分别平行，

则有 $A_k M$ // 侧面 $\Delta_k (1 \leqslant k \leqslant 4)$，这显然是不可能的.

如图 1.5 是四面体中 3 个侧面的塞瓦线都分别平行的极端情形：以 $A_2 A_1$，$A_2 A_3$，$A_2 A_4$ 为棱作平行六面体 $A_2 A_3 C A_4 - A_1 E M D$，侧面 $\Delta_1, \Delta_3, \Delta_4$ 的三条塞瓦线都分别平行，则 $A_k M$ // 侧面 $\Delta_k (k = 1, 3, 4)$. 此时，$A_1 M_1, A_2 M_2, A_3 M_3, A_4 M_4$ 的交点恰为平行六面体 $A_2 A_3 C A_4 - A_1 E M D$ 的顶点 M.

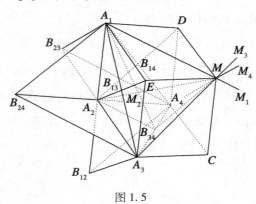

图 1.5

由定理 1.2 显然可得：

推论1.1 设 B_{ij} 是四面体 $A_1 A_2 A_3 A_4$ 的棱 $A_i A_j$ 所在直线上一点 $(1 \leqslant i < j \leqslant 4)$，如果每个侧面 Δ_k 上的三条塞瓦线都分别交于一点 $M_k (1 \leqslant k \leqslant 4)$ 或平行，且 $A_1 M_1, A_2 M_2, A_3 M_3, A_4 M_4$ 互不平行，那么 $A_1 M_1, A_2 M_2, A_3 M_3, A_4 M_4$ 交于一点.

综合定理 1.1 与定理 1.2 就得如下关于四面体中六面共点的一个充要条件：

定理1.3 设 B_{ij} 是四面体 $A_1 A_2 A_3 A_4$ 的棱 $A_i A_j$ 所在直线上一点 $(1 \leqslant i < j \leqslant 4)$，则六个平面 $A_1 A_2 B_{34}, A_1 A_3 B_{24}, A_1 A_4 B_{23}, A_2 A_3 B_{14}, A_2 A_4 B_{13}, A_3 A_4 B_{12}$ 交于一点 M（M 非四面体顶点）的充要条件是：每个侧面 Δ_k 上的三条塞瓦线都分别交于一点 $M_k (1 \leqslant k \leqslant 4)$ 或平行，且 $A_1 M_1, A_2 M_2, A_3 M_3, A_4 M_4$ 互不平行.

2 应用举例

例 1.1（四面体重心定理） 四面体的一条棱与对棱中点确定的平面称为四面体的中面，证明：四面体的六个中面交于一点（重心）.

证明：设四面体 $A_1 A_2 A_3 A_4$ 的棱 $A_i A_j$ 的中点为 $B_{ij} (1 \leqslant i < j \leqslant 4)$，则各侧面 Δ_k 的三条塞瓦线即为侧面三角形 Δ_k 的三条中线，必交于其重心 $M_k (1 \leqslant k \leqslant$

4),且 $A_1M_1,A_2M_2,A_3M_3,A_4M_4$ 互不平行.

根据定理 1.2 知,六个平面 $A_1A_2B_{34}$,$A_1A_3B_{24}$,$A_1A_4B_{23}$,$A_2A_3B_{14}$,$A_2A_4B_{13}$,$A_3A_4B_{12}$ 交于一点 M(重心).证毕.

读者还可尝试应用定理 1.2 证明四面体的内心定理(1.2 节例 2.2)及垂心四面体四条高交于一点(垂心)等结论.

2.2　四面体六点共面的一个充要条件[①]

我们先分别讨论四面体中有关六点共面的必要条件和充分条件(它们的前提有所差异),然后给出充要条件.

1　必要条件

定理 2.1(必要条件)　设 B_{ij} 是四面体 $A_1A_2A_3A_4$ 的棱 A_iA_j 所在直线上一点($1 \leqslant i < j \leqslant 4$),若六点 B_{ij}($1 \leqslant i < j \leqslant 4$)共面(非四面体的侧面[注]),则此六个点中,位于每个侧面三角形三边所在直线上的三点均分别共线.

证明:如图 2.1,设六点 B_{ij}($1 \leqslant i < j \leqslant 4$)在平面 π(非四面体侧面)上,则此六个点中,每个侧面三角形三边所在直线上的三点显然都在该侧面与平面 π 的交线上.证毕.

[注]:在定理 2.1 中,若六点 B_{ij}($1 \leqslant i < j \leqslant 4$)在四面体一侧面上,则结论不成立(如图 2.2 中 B_{23},B_{24},B_{34} 可能不共线).另外,定理 2.1 对于六个点 B_{ij} 中有某些点重合的特殊情形结论仍成立(参见图 2.3、图 2.4).

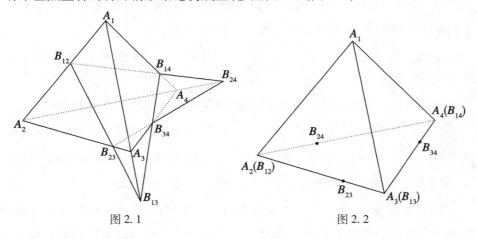

图 2.1　　　　　　　　　　　　　　图 2.2

①　曾建国. 四面体的一个六点共面定理 —— 三角形一个共线点命题的空间移植[J]. 中学数学研究,2022(4)(上半月):20 – 22.

23

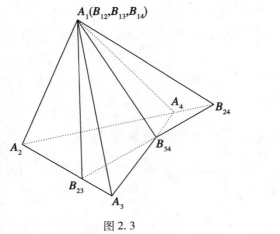

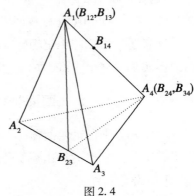

图 2.3   图 2.4

2   充分条件及充要条件

定理 2.2(充分条件)   设 B_{ij} 是四面体 $A_1A_2A_3A_4$ 的棱 A_iA_j 所在直线上一点 $(1 \leqslant i < j \leqslant 4)$,如果此六个点中,位于每个侧面三角形三边所在直线上的三点均分别共线,那么六点 $B_{ij}(1 \leqslant i < j \leqslant 4)$ 共面.

证明:如图 2.1,依题设知,每个侧面三角形三边所在直线上三点均共线. 由于这四条直线分别位于四面体的四个侧面上,它们不可能是同一条直线,否则四面体的四个侧面相交于此直线,矛盾!

不妨设 $B_{12}B_{14}B_{24}$ 与 $B_{12}B_{23}B_{13}$ 是相异的两直线,则它们相交于点 B_{12},于是它们确定一平面 π,且直线 $B_{14}B_{13}$,$B_{23}B_{24}$ 都在平面 π 上.

由 B_{14},B_{34},B_{13} 共线(或 B_{23},B_{34},B_{24} 共线)知,$B_{34} \in$ 平面 π,即六点 $B_{ij}(1 \leqslant i < j \leqslant 4)$ 共面. 定理 2.2 获证.

综合定理 2.1 和定理 2.2 就可得四面体中六点共面的一个充要条件.

推论 2.1   设 B_{ij} 是四面体 $A_1A_2A_3A_4$ 的棱 A_iA_j 所在直线上一点(非四面体顶点,$1 \leqslant i < j \leqslant 4$),则六点 $B_{ij}(1 \leqslant i < j \leqslant 4)$ 共面的充要条件是:此六个点中,位于每个侧面三角形三边所在直线上的三点均分别共线.

证明:因题设限定了 B_{ij} 非四面体 $A_1A_2A_3A_4$ 的顶点,则六点 $B_{ij}(1 \leqslant i < j \leqslant 4)$ 所共平面 π 非四面体侧面,由定理 2.1 和定理 2.2 即知推论 2.1 成立. 证毕.

3   应用举例

在研究四面体六点共面问题时,应用本节所得的有关结论完全有可能改进以往的方法,使证明过程变得简洁明快. 下面举例说明.

下面应用定理 2.2 重新证明 1.1 节中定理 1.3.

例 2.1 经过四面体的一条棱的外二面角平分面与对棱相交,六个交点共面.

证明:四面体 $A_1A_2A_3A_4$ 的各外二面角平分面与对棱相交,设棱 A_iA_j 上的交点为 $B_{ij}(1 \leq i < j \leq 4)$. 根据定理 2.2,欲证六个交点 $B_{ij}(1 \leq i < j \leq 4)$ 共面,只需证明此六个点中,每个侧面三角形三边所在直线上的三点共线. 我们只需考察一个侧面,其余侧面的结论同理可证.

以侧面 Δ_1 为例,即要证 B_{23}, B_{34}, B_{24} 共线.

设侧面 Δ_k 的面积为 $S_k(1 \leq k \leq 4)$,根据 1.1 节引理 1.2 知

$$\frac{A_2B_{23}}{B_{23}A_3} \cdot \frac{A_3B_{34}}{B_{34}A_4} \cdot \frac{A_4B_{24}}{B_{24}A_2} = \left(-\frac{S_3}{S_2}\right) \cdot \left(-\frac{S_4}{S_3}\right) \cdot \left(-\frac{S_2}{S_4}\right) = -1$$

由三角形塞瓦定理即知 B_{23}, B_{34}, B_{24} 共线. 证毕.

与 1.1 节中定理 1.3 的原证法相比,上述证法显得更为简捷,这正是定理 2.2 带来的便利.

本章所得四面体中六面共点、六点共面的充分必要条件的意义在于:在应用这些定理证明四面体中六面共点、六点共面问题时,巧妙地避开了应用四面体塞瓦定理、四面体梅涅劳斯定理这一步骤,转而证明各侧面三角形中的三线共点、三点共线问题(从而只需应用三角形塞瓦定理、三角形梅涅劳斯定理),是一种有趣的"降维处理"方法,因而在实际应用中可以避免分类讨论的烦琐过程,化繁为简.

本章的定理在后面各章节(如四面体的等距共轭点(4.2 节)、四面体的等角共轭点(4.3 节)、四面体的内棱切球与葛尔刚点(5.2 节)等)中还会经常用到.

可以预见,本章所得关于四面体六面共点及六点共面的充要条件具有广阔的应用前景.

第3章　四面体的几个心

三角形的特殊点(有时称之为三角形的心)是三角形几何学最为精彩的内容之一. 有些特殊点很早就被人们发现,如:三角形的五"心"—— 重心、外心、内心、旁心、垂心,以及三角形中一些有名的点:葛尔刚点、密克(Miquel)点、费马点、奈格尔(Nagel)点、莱莫恩点、布洛卡(Brocard)点等. 近年来,现代几何研究学者借助计算机技术又新发现了数以千计的三角形的心(还有专门的网站可查询[①]). 美国伊凡斯维尔大学(University of Evansville)的数学教授 Clak Kimberling 在《一个三角形所在平面上的一般点与一般线》一文中列出的三角形的"正规心"就有 101 个. 他甚至认为三角形中某些特殊点的内容构成"三角形几何学的中心"[②].

将三角形的特殊点及其性质类比推广至四面体中有着诱人的研究前景,然而直至今天,三角形中仅有少数几个特殊点已经引申推广至四面体中,如:重心、外心、内心、旁心、垂心等. 三角形还有大量的特殊点,然而将它们引申推广至四面体中的研究工作却进展缓慢、举步维艰,研究成果也难得一见,这正说明了四面体几何学的研究依然任重而道远.

本章介绍近年来四面体特殊点研究的一些新进展.

3.1　四面体的垂心[③]

1　传统意义的垂心

三角形的三条高交于一点,称为三角形的垂心. 将垂心的这一传统意义类比至四面体时,我们却发现,四面体的四条高不一定交于一点,只有一类特殊的四面体 —— 垂心四面体的四条高才会交于一点.

定义 1.1　三组对棱互相垂直的四面体称为垂心四面体.

---

① 一个专门研究三角形特征点的开放式交流平台"Encyclopedia of Triangle Centers[ETC]".

② 盖拉特雷,著,单墫,译. 近代的三角形几何学[M]. 哈尔滨:哈尔滨工业大学出版社,2012:265 - 293.

③ 曾建国. 四面体垂心研究的进展[J]. 赣南师范大学学报,2022,43(6):19 - 22.

垂心四面体的一个充要条件是:如果四面体两组对棱分别垂直,则第三组对棱也垂直. 因此有:

定理 1.1[①]   四面体的四条高交于一点的充要条件是两组对棱分别垂直.

传统意义的四面体垂心概念仅局限于此类特殊的垂心四面体,即:

定义 1.2   垂心四面体的四条高交于一点,称为四面体的垂心.

在三角形中,外心、重心、垂心三点共线,即有欧拉线定理(Euler,1765年)[②].

定理 1.2   三角形的外心 O、重心 G、垂心 H 共线,且 $OG:GH = 1:2$.

引申至垂心四面体中,就得垂心四面体的欧拉线定理.

定理 1.3[③]   垂心四面体的外心 O、重心 G、垂心 H 共线,且 $OG:GH = 1:1$.

1995 年,冯华根据定理 1.3 证明了垂心四面体的垂心的一个性质:

定理 1.4[④]   设垂心四面体 $A_1A_2A_3A_4$ 的垂心为 H,外接球半径为 R,则

$$\sum_{i=1}^{4} HA_i^{\,2} = 4R^2 \qquad\qquad (1.1)$$

定理 1.4 的证明还需用到四面体的莱布尼兹公式.

引理 1.1[⑤]   设四面体 $A_1A_2A_3A_4$ 的重心为 G,P 是空间任一点,则

$$PG^2 = \frac{1}{4}\sum_{i=1}^{4} PA_i^{\,2} - \frac{1}{16}\sum_{1 \leq i < j \leq 4} A_iA_j^{\,2} \qquad\qquad (1.2)$$

定理 1.4 的证明:在引理 1.1 中分别令 P 为四面体 $A_1A_2A_3A_4$ 的外心 O、垂心 H,可得 $OG^2 = R^2 - \dfrac{1}{16}\sum\limits_{1 \leq i < j \leq 4} A_iA_j^{\,2}$;$HG^2 = \dfrac{1}{4}\sum\limits_{i=1}^{4} HA_i^{\,2} - \dfrac{1}{16}\sum\limits_{1 \leq i < j \leq 4} A_iA_j^{\,2}$.

根据定理 1.3 又知 $OG = GH$,因此有 $\sum\limits_{i=1}^{4} HA_i^{\,2} = 4R^2$. 证毕.

三角形中与垂心有关的其他一些性质也可以类比移植到垂心四面体中,例如,人们将三角形九点圆定理推广至垂心四面体中,得到了垂心四面体的两类"十二点球定理":第 1 类十二点球定理是法国数学家普鲁海(Prouhet) 于 1863

---

① 苗国. 四面体的五"心"——重心、外心、内心、旁心和垂心[J]. 数学通报,1993(9):21 – 24.

② 沈康身. 数学的魅力(一)[M]. 上海:上海辞书出版社,2004:134;270 – 280.

③ 王效宗. Euler 线由三角形向四面体的推广[J]. 中学数学(湖北),1992(9):24 – 25.

④ 冯华. 四面体同垂心和高有关的两个性质[J]. 中学数学(湖北),1995(11):28 – 29.

⑤ 胡耀宗. 四面体上的莱布尼兹公式[J]. 数学通讯,1992(12):22 – 23.

年发现的.

定理 1.5[①②]   垂心四面体中,垂心到四面体各顶点的连线的第 1 个三等分点、四面体各面的垂心和重心,共十二点共球,其球心为外心与垂心连线的第 2 个三等分点,半径为四面体外接球半径的三分之一.

第 2 类十二点球定理是法国数学家坦佩莱(Temperley)与莱维(Lévy)于 1881 年发现的.

定理 1.6[③]   垂心四面体中,每个侧面三角形的三条高的垂足、六条棱的中点共十二点共球,球心是四面体的重心.

由于这种传统意义的垂心概念仅适用于垂心四面体,因此所有推广的结论也就仅局限于垂心四面体.

2   垂心概念的其他类比推广

由于传统意义的垂心概念无法类比推广至一般的四面体中,致使三角形垂心的大量优美性质也无法类比推广至四面体中. 于是人们另辟蹊径,尝试用其他方法将垂心概念推广至一般的四面体中.

(1)蒙日点

2010 年,耿恒考[④]将三角形的高线类比引申至四面体中,得到了一般四面体的"高面"—— 过四面体的一条棱的中点垂直于对棱的平面,并证明了四面体的六个高面必交于一点,称其为四面体的"垂心". 这样类比得到的"垂心"其实就是四面体的"蒙日(G. Monge)点",是法国数学家蒙日于 1811 年发现的[⑤].

定理 1.7   过四面体的每条棱的中点向它的对棱引垂直面,六个垂直面必交于一点 M.

还有一位法国数学家曼海姆(V. M. A. Manheim,1831—1906)也对垂心概念做过一种类比推广,他用另一种方法得到了一般四面体的"垂心"(也与蒙日点合同)[⑤].

定理 1.8   设四面体 $A_1A_2A_3A_4$ 的顶点 A_i 所对侧面三角形的垂心为 H_i,四面

①   胡如松. 垂心四面体的十二点球[J]. 中等数学,1998(3):23 - 24.
②   沈康身. 数学的魅力(一)[M]. 上海:上海辞书出版社,2014:134;270 - 280.
③   武爱民. 正交四面体中的十二点共球定理[J]. 数学通讯,1998(10):26.
④   耿恒考. 四面体的重心与垂心的性质[J]. 数学通报,2010(10):55 - 57.
⑤   沈康身. 数学的魅力(一)[M]. 上海:上海辞书出版社,2004:270 - 280.

体(自顶点 A_i 引出)的高线为 h_i,则由 h_i 与 H_i($i = 1,2,3,4$)确定的四个平面共点于垂心 H.

事实上,定理 1.8 中的"垂心"H 与定理 1.7 中的蒙日点 M 合同(曼海姆本人已证明)[1].因此我们将定理 1.7 与定理 1.8 中定义的四面体的"垂心"统称为四面体的蒙日点.

有趣的是,四面体的外心、重心、蒙日点三点也共线,即有[1]:

定理 1.9   四面体的外心 O、重心 G、蒙日点 M 三点共线,且 G 是 OM 的中点.

对照定理 1.2 可知,在垂心四面体中,蒙日点与垂心是同一点.因此,一般四面体的蒙日点是垂心概念的推广,而且我们完全有理由把定理 1.9 中的直线称为一般四面体的"欧拉线".

定义 1.3   四面体的外心、重心、蒙日点三点共线,称为四面体的欧拉线.

(2)伪垂心与欧拉球心

一般四面体的伪垂心及欧拉球心概念是熊曾润教授在 2005 年建立的.

根据三角形欧拉线定理知,$\triangle ABC$ 的外心 O、重心 G、垂心 H 共线,且 $OG:GH = 1:2$,结合三角形重心的向量表示 $\overrightarrow{OG} = \dfrac{1}{3}(\overrightarrow{OA} + \overrightarrow{OB} + \overrightarrow{OC})$ 可知,垂心 H 的向量表示形式为:$\overrightarrow{OH} = 3\overrightarrow{OG} = \overrightarrow{OA} + \overrightarrow{OB} + \overrightarrow{OC}$.

从这种向量表达式的角度进行类比推广,可得四面体的伪垂心概念如下[2]:

定义 1.4   设四面体 $A_1A_2A_3A_4$ 的外心为 O,若点 W 满足

$$\overrightarrow{OW} = \sum_{i=1}^{4} \overrightarrow{OA_i} \tag{1.3}$$

则称 W 为四面体 $A_1A_2A_3A_4$ 的伪垂心.

伪垂心也在四面体的欧拉线上,即有[2]:

定理 1.10   四面体的外心 O、重心 G、伪垂心 W 三点共线,且 $OG:GW = 1:3$.

---

①   沈康身.数学的魅力(一)[M].上海:上海辞书出版社,2004:270 - 280.
②   熊曾润.球内接多面体的伪垂心及其性质[J].福建中学数学,2005(5):17 - 19.

证明　根据四面体重心的定义[1]知 $\overrightarrow{OG} = \dfrac{1}{4}\sum\limits_{i=1}^{4}\overrightarrow{OA_i}$，对照式(1.3)可知

$\overrightarrow{OG} = \dfrac{1}{4}\overrightarrow{OW}$，表明 O,G,W 三点共线，且 $OG:GW=1:3$. 证毕.

伪垂心是四面体的一个新的特殊点，根据定义1.4可以推得伪垂心的许多有趣性质，例如[2][3]（证明略）：

定理1.11　设四面体 $A_1A_2A_3A_4$ 的外接球球心为 O、半径为 R，伪垂心为 W，侧面 Δ_i 的重心为 $G_i(i=1,2,3,4)$，则：

(1) $A_iW \mathbin{/\mkern-5mu/} OG_i$ 且 $A_iW = 3OG_i(i=1,2,3,4)$.

(2) $\sum\limits_{i=1}^{4}A_iW^2 = 2OW^2 + 4R^2$.

(3) $A_1W^2 + \sum\limits_{1\leqslant i<j\leqslant 4}A_iA_j^{\,2} = 9R^2$.

(4) $OW^2 + \sum\limits_{1\leqslant i<j\leqslant 4}A_iA_j^{\,2} = 16R^2$.

将三角形的九点圆（又称欧拉圆）类比至四面体中，得四面体的欧拉球面概念如下[4]：

定义1.5　设四面体 $A_1A_2A_3A_4$ 的外接球球心为 O、半径为 R，若点 E 满足等式

$$\overrightarrow{OE} = \dfrac{1}{2}\sum\limits_{i=1}^{4}\overrightarrow{OA_i} \tag{1.4}$$

则以 E 为球心、$\dfrac{R}{2}$ 为半径的球面，称为四面体 $A_1A_2A_3A_4$ 的欧拉球面.

四面体的欧拉球面是三角形九点圆在四面体中的引申推广，它涉及的一系列共球点性质，将在本书第9章介绍. 本节仅讨论四面体的欧拉球心与垂心的关系.

事实上，四面体的欧拉球心与蒙日点合同，即有：

定理1.12　四面体的外心 O、重心 G、欧拉球心 E 三点共线，且 $OG:GE=1:1$.

---

①　沈康身. 数学的魅力（一）[M]. 上海：上海辞书出版社，2004：267-280.

②　熊曾润. 球内接多边形的伪垂心及其性质[J]. 福建中学数学，2005(5)：17-19.

③　熊曾润. 漫谈四面体垂心的概念与性质[J]. 数学通讯，2014(11)：44-45.

④　熊曾润. 四面体的欧拉球心的一个美妙性质[J]. 中学数学，2005(5)：27.

证明:由式(1.4)及 $\overrightarrow{OG} = \dfrac{1}{4}\sum\limits_{i=1}^{4}\overrightarrow{OA_i}$ 得 $\overrightarrow{OG} = \dfrac{1}{2}\overrightarrow{OE}$,即可知结论成立. 证毕.

对照定理 1.12 与定理 1.9 即知四面体的欧拉球心与蒙日点合同. 进而可知,垂心四面体的欧拉球心就是其垂心[①]. 综合定理 1.10 与定理 1.12 知,四面体欧拉线上依次排列着四个心,即:

推论 1.1 四面体的外心 O、重心 G、欧拉球心 E、伪垂心 W 四点共线,且 $OG:GE:EW = 1:1:2$.

对于任一给定的四面体,耿恒考定义的"垂心"、蒙日点、曼海姆定义的"垂心"、欧拉球心都是同一点(以下统一称为欧拉球心);类比推广的角度、方法各不相同,得到的竟是同一个点!真可谓"殊途同归". 这应该算得上是几何研究历史上的一件趣事.

综上所述可知:任一给定的四面体存在唯一的欧拉球心;垂心四面体的欧拉球心就是其垂心. 由此可见,四面体的欧拉球心是垂心四面体的垂心概念的推广. 垂心四面体的垂心具有一般四面体欧拉球心的所有性质,而一般四面体的欧拉球心不一定具有垂心四面体垂心的某些性质.

因此,研究四面体欧拉球心的性质比研究垂心的性质具有更为广泛的意义.

现列举四面体欧拉球心的两个性质.

定理 1.13[①] 设四面体 $A_1A_2A_3A_4$ 的外心为 O、欧拉球心为 E,M,N 分别是棱 A_1A_2,A_3A_4 的中点,则有 $OM /\!/ NE$ 且 $OM = NE$.

证明:因 M,N 分别是棱 A_1A_2,A_3A_4 的中点,则有

$$\overrightarrow{OM} = \frac{1}{2}(\overrightarrow{OA_1} + \overrightarrow{OA_2}),\overrightarrow{ON} = \frac{1}{2}(\overrightarrow{OA_3} + \overrightarrow{OA_4})$$

结合定义 1.5 可得 $\overrightarrow{NE} = \overrightarrow{OE} - \overrightarrow{ON} = \dfrac{1}{2}\sum\limits_{i=1}^{4}\overrightarrow{OA_i} - \dfrac{1}{2}(\overrightarrow{OA_3} + \overrightarrow{OA_4}) = \dfrac{1}{2}(\overrightarrow{OA_1} + \overrightarrow{OA_2})$.

所以 $\overrightarrow{OM} = \overrightarrow{NE}$,即 $OM /\!/ NE$ 且 $OM = NE$. 证毕.

将前文所述垂心四面体垂心的一个性质(定理 1.4)推广至一般四面体就

① 曾建国.垂心四面体的垂心的一个向量形式 —— 兼谈四面体的垂心与欧拉球心之间的关系[J].中学数学研究,2009(2):27 – 28.

得到下面定理.

定理 1.14[①] 设四面体 $A_1A_2A_3A_4$ 的欧拉球心为 E,外接球半径为 R,则 $\sum_{i=1}^{4} EA_i^2 = 4R^2$.

证明:设四面体 $A_1A_2A_3A_4$ 外心为 O,依题设知 $|\overrightarrow{OA_i}| = R (i = 1,2,3,4)$.

根据定义 1.5 知 $\overrightarrow{OE} = \dfrac{1}{2} \sum_{i=1}^{4} \overrightarrow{OA_i}$,则

$$\sum_{j=1}^{4} EA_j^2 = \sum_{j=1}^{4} \overrightarrow{EA_j}^2 = \sum_{j=1}^{4} (\overrightarrow{OE} - \overrightarrow{OA_j})^2 = \sum_{j=1}^{4} \left(\frac{1}{2} \sum_{i=1}^{4} \overrightarrow{OA_i} - \overrightarrow{OA_j} \right)^2$$

$$= \frac{1}{4} \sum_{j=1}^{4} \left(\sum_{i=1}^{4} \overrightarrow{OA_i} - 2\overrightarrow{OA_j} \right)^2$$

$$= \frac{1}{4} [(\overrightarrow{OA_2} + \overrightarrow{OA_3} + \overrightarrow{OA_4} - \overrightarrow{OA_1})^2 + (\overrightarrow{OA_3} + \overrightarrow{OA_4} + \overrightarrow{OA_1} - \overrightarrow{OA_2})^2$$

$$+ (\overrightarrow{OA_4} + \overrightarrow{OA_1} + \overrightarrow{OA_2} - \overrightarrow{OA_3})^2 + (\overrightarrow{OA_1} + \overrightarrow{OA_2} + \overrightarrow{OA_3} - \overrightarrow{OA_4})^2]$$

$$= \sum_{i=1}^{4} \overrightarrow{OA_i}^2 = 4R^2$$

证毕.

3.2　四面体的界心

三角形的界心是三角形又一个著名的特殊点,由三角形下面的性质而得名(图 2.1).

定理 2.1[①]　过 $\triangle ABC$ 的顶点 A,B,C 与对边上一点 X,Y,Z 作线段,使之平分 $\triangle ABC$ 的周长,则 AX,BY,CZ 交于一点.

在图 2.1 中,因三条直线 AX,BY,CZ 平分 $\triangle ABC$ 的周长,通常称之为三角形的周界中线,这也是三角形界心概念的由来.

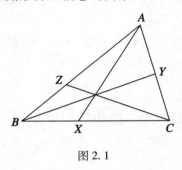

图 2.1

---

① 张学哲. 三角形的周界中线[J]. 数学通报,1995(4):17 − 18.

定义 2.1　称三角形三条周界中线的交点为三角形的界心.

在定理 2.1 中(图 2.1),三个点 X, Y, Z 就是 $\triangle ABC$ 的旁切圆在三边上的切点(根据切线长定理很容易证明).

三角形的界心又被称为奈格尔点(以下统称为三角形的界心),最早是德国数学家 Christian Heinrich von Nagel 在 1836 年发现的. 20 世纪末又被国内学者重新发现并引起人们广泛的研究兴趣[1][2][3][4][5][6][7][8].

三角形的周界中线可以类比引申至四面体中,得到四面体周界中面的概念.

定义 2.2　过四面体一棱及对棱上一点作截面,平分四面体的表面积,称此截面为四面体的一个周界中面.

很明显,任一四面体都有 6 个周界中面. 有趣的是,定理 2.1 可以类比引申至四面体中,有下面的结论成立:

定理 2.2[9]　四面体的 6 个周界中面交于一点.

我们应用四面体塞瓦定理的逆定理(1.2 节定理 2.3)来证明定理 2.2.

证明:如图 2.2,设四面体 $A_1A_2A_3A_4$ 的各周界中面与棱 A_iA_j 交于点 B_{ij} ($1 \leqslant i < j \leqslant 4$),由周界中面的定义显然可知 B_{ij} 是棱 A_iA_j 的内点. 并设四面体 $A_1A_2A_3A_4$ 的表面积为 S,顶点 A_k 所对侧面 Δ_k 的面积为 $S_k(k = 1,2,3,4)$.

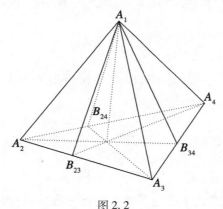

图 2.2

①　张学哲. 三角形的周界中线[J]. 数学通报,1995(4):17 – 18.

②　孙哲. 三角形"界心"的性质[J]. 中学数学,1995(9):23 – 25.

③　黄汉生. 三角形界心与其内旁重垂各心的距离[J]. 中学数学,1996(9):30 – 31.

④　邹黎明. 三角形界心的一组性质[J]. 中学数学,1997(4):34.

⑤　赵彪,李侠. 关于三角形界心几个定理的几何证明[J]. 中学数学教学,1999(6):8.

⑥　胡涛. 三角形界心与其各心间的关系[J]. 中学数学,1999(4):44 – 45.

⑦　陈传孟. 关于三角形界心的三个定理[J]. 中学数学教学,1999(6):9.

⑧　郭要红. 界心、Nagel 点及其他[J]. 中学数学教学,2001(5):39 – 40.

⑨　曾建国. 四面体的界心[J]. 数学通报,2022(1):59 – 60.

由题设,周界中面 $A_1A_4B_{23}$ 平分四面体 $A_1A_2A_3A_4$ 的表面积,则

$$\frac{A_2B_{23}}{B_{23}A_3} = \frac{S_{\triangle A_1A_2B_{23}}}{S_{\triangle A_1A_3B_{23}}} = \frac{S_{\triangle A_2A_4B_{23}}}{S_{\triangle A_3A_4B_{23}}} = \frac{S_{\triangle A_1A_2B_{23}} + S_{\triangle A_2A_4B_{23}}}{S_{\triangle A_1A_3B_{23}} + S_{\triangle A_3A_4B_{23}}} = \frac{\frac{S}{2} - S_3}{\frac{S}{2} - S_2}$$

同理可得

$$\frac{A_3B_{34}}{B_{34}A_4} = \frac{\frac{S}{2} - S_4}{\frac{S}{2} - S_3}; \frac{A_4B_{24}}{B_{24}A_2} = \frac{\frac{S}{2} - S_2}{\frac{S}{2} - S_4}$$

则

$$\frac{A_2B_{23}}{B_{23}A_3} \cdot \frac{A_3B_{34}}{B_{34}A_4} \cdot \frac{A_4B_{24}}{B_{24}A_2} = \frac{\frac{S}{2} - S_3}{\frac{S}{2} - S_2} \cdot \frac{\frac{S}{2} - S_4}{\frac{S}{2} - S_3} \cdot \frac{\frac{S}{2} - S_2}{\frac{S}{2} - S_4} = 1$$

同理可证：$\dfrac{A_3B_{34}}{B_{34}A_4} \cdot \dfrac{A_4B_{14}}{B_{14}A_1} \cdot \dfrac{A_1B_{13}}{B_{13}A_3} = \dfrac{A_4B_{14}}{B_{14}A_1} \cdot \dfrac{A_1B_{12}}{B_{12}A_2} \cdot \dfrac{A_2B_{24}}{B_{24}A_4} = \dfrac{A_1B_{12}}{B_{12}A_2} \cdot \dfrac{A_2B_{23}}{B_{23}A_3} \cdot$

$\dfrac{A_3B_{13}}{B_{13}A_1} = 1.$

根据四面体塞瓦定理的逆定理(1.2 节定理 2.3)可知,六个周界中面交于一点. 证毕.

注:也可应用四面体六面共点的另一个充分条件(1.4 节中定理 4.2)证明本节定理 2.2.

定理 2.2 完美地类比了三角形界心的概念及性质,因此,我们有理由将定理 2.2 中四面体的六个周界中面的交点称为四面体的界心.

定义 2.3   四面体六个周界中面交于一点,称为四面体的界心.

在第 5 章中我们还会从另一个角度对三角形的界心(奈格尔点)进行类比引申,得到四面体的奈格尔点概念,进而讨论四面体的界心与其他诸"心"的关系,并补充四面体界心的若干性质(见 5.3 节).

3.3　四面体的 k 号心

"k 号心"是熊曾润教授于 21 世纪初在研究平面闭折线时提出来的新概念[1][2]. 随着研究工作的深入,k 号心概念又被先后推广至四面体[3][4]、多面体,乃至高维空间有限点集中[5]. k 号心概念的提出开创了欧氏几何的一个全新的研究课题,涌现出大批研究成果. 对于四面体而言,则平添了一系列新的特殊点.

1　四面体的 k 号心的定义

将四面体的伪垂心、欧拉球心(3.1 节)、重心等概念一般化,就得到四面体(关于其外心)的 k 号心概念[6].

定义 3.1　设四面体 $A_1A_2A_3A_4$ 的外心为 O,对于任一给定的正整数 k,顶点 A_j 所对的侧面记作 $\Delta_j(j = 1,2,3,4)$.

（ⅰ）若点 Q 满足等式

$$\overrightarrow{OQ} = \frac{1}{k}\sum_{i=1}^{4}\overrightarrow{OA_i} \tag{3.1}$$

则称 Q 为四面体 $A_1A_2A_3A_4$ 关于点 O 的 k 号心,简称四面体 $A_1A_2A_3A_4$ 的 k 号心.

（ⅱ）对于满足 $1 \leqslant j \leqslant 4$ 的正整数 j,若点 Q_j 满足等式

$$\overrightarrow{OQ_j} = \frac{1}{k}(\sum_{i=1}^{4}\overrightarrow{OA_i} - \overrightarrow{OA_j}) \tag{3.2}$$

则称 Q_j 为四面体 $A_1A_2A_3A_4$ 的侧面 Δ_j 关于点 O 的 k 号心,简称侧面 Δ_j 的 k 号心.

根据定义 3.1(ⅰ)可知,四面体的 1 号心、2 号心、4 号心分别就是它的伪垂心、欧拉球心、重心,由此可知,四面体的 k 号心概念是四面体的伪垂心、欧拉球心、重心等诸心概念的统一推广. 根据定义 3.1(ⅱ)可知,四面体一个侧面的 3 号心就是这个侧面三角形的重心.

显而易见,研究四面体 k 号心的性质比研究某一个心的性质具有更广泛的意义.

① 熊曾润. 圆内接闭折线的 k 号心的有趣性质[J]. 中学数学研究(广州),2000(1):20 - 21.
② 熊曾润. 平面闭折线的 k 号心及其性质[J]. 中学数学研究(江西),2002(9):20 - 21.
③ 周永国. 四面体的 k 号心及其性质[J]. 数学通讯,2003(19):32 - 33.
④ 熊曾润. 关于四面体的十二点共球定理[J]. 中学教研(数学),2004(6):41 - 43.
⑤ 熊曾润,曾建国. 共球有限点集的 k 号心及其性质[J]. 数学的实践与认识,2008(7):148 - 152.
⑥ 熊曾润. 关于四面体的十二点共球定理[J]. 中学教研(数学),2004(6):41 - 43.

2 四面体的 k 号心的性质

四面体的 k 号心具有下列性质:

定理 3.1 四面体的外心 O、重心 G、k 号心 $Q(k \neq 4)$ 三点共线,且 $OG : GQ = k : (m - k)$.

证明:依题设,G 是四面体 $A_1A_2A_3A_4$ 的重心,所以有

$$\overrightarrow{OG} = \frac{1}{4} \sum_{i=1}^{4} \overrightarrow{OA_i} \tag{3.3}$$

又依题设,Q 是四面体 $A_1A_2A_3A_4$ 的 k 号心,所以式(3.1)成立.比较式(3.1)和(3.3),可得

$$4\overrightarrow{OG} = k\overrightarrow{OQ}$$

将 $\overrightarrow{OQ} = \overrightarrow{OG} + \overrightarrow{GQ}$ 代入上式,经整理可得 $(4 - k)\overrightarrow{OG} = k\overrightarrow{GQ}$. 由此可知 O, G, Q 三点共线,且 $OG : GQ = k : (4 - k)$. 证毕.

在定理 3.1 中分别令 $k = 1,2$,就得四面体伪垂心 W 和欧拉球心 E 的相应性质(见 3.1 节定理 1.10 和定理 1.12).

定理 3.2 设四面体 $A_1A_2A_3A_4$ 的外接球球心为 O、半径为 R,k 号心为 Q,则

$$\sum_{i=1}^{4} QA_i^2 + 2(k - 2)OQ^2 = 4R^2 \tag{3.4}$$

证明

$$\sum_{i=1}^{4} QA_i^2 = \sum_{i=1}^{4} \overrightarrow{QA_i}^2$$

$$= \sum_{i=1}^{4} (\overrightarrow{OA_i} - \overrightarrow{OQ})^2 = \sum_{i=1}^{4} (\overrightarrow{OA_i}^2 - 2\overrightarrow{OQ} \cdot \overrightarrow{OA_i} + \overrightarrow{OQ}^2)$$

$$= 4R^2 + 4OQ^2 - 2\overrightarrow{OQ} \cdot \sum_{i=1}^{4} \overrightarrow{OA_i}$$

由式(3.1)可得 $\sum_{i=1}^{4} \overrightarrow{OA_i} = k\overrightarrow{OQ}$,代入上式得 $\sum_{i=1}^{4} QA_i^2 = 4R^2 + (4 - 2k)OQ^2$,表明式(3.4)成立.证毕.

在定理 3.2 中令 $k = 2$ 得,2 号心 Q 即为四面体 $A_1A_2A_3A_4$ 的欧拉球心 E,则有 $\sum_{i=1}^{4} EA_i^2 = 4R^2$. 此即为 2.1 节定理 1.14.

在定理 3.2 中令 $k = 4$,可得:

推论 3.1 设四面体 $A_1A_2A_3A_4$ 的外接球球心为 O、半径为 R,重心为 G,则有 $\sum\limits_{i=1}^{4} GA_i^2 = 4R^2 - 4OG^2$.

定理 3.3 设四面体 $A_1A_2A_3A_4$ 的 k 号心为 Q,侧面 Δ_j 的 k 号心为 Q_j,则诸线段 A_jQ_j 必相交于同一点 M,每条线段 A_jQ_j $(j = 1,2,3,4)$ 都被点 M 分成 $k:1$ 两段,M 正是四面体 $A_1A_2A_3A_4$ 的 $k+1$ 号心.

证明:应用同一法. 取 A_jQ_j 的内分点 M,使 $A_jM:MQ_j = k:1$,那么只需证明点 M 是四面体 $A_1A_2A_3A_4$ 的 $k+1$ 号心就行了.

设四面体 $A_1A_2A_3A_4$ 的外心为 O,根据定比分点的向量公式可知,点 M 满足等式

$$\overrightarrow{OM} = \frac{\overrightarrow{OA_j} + k\overrightarrow{OQ_j}}{1 + k}$$

将式(3.2)代入上式,就得

$$\overrightarrow{OM} = \frac{\overrightarrow{OA_j} + (\sum\limits_{i=1}^{4} \overrightarrow{OA_i} - \overrightarrow{OA_j})}{1 + k} = \frac{1}{k+1}\sum\limits_{i=1}^{4} \overrightarrow{OA_i} \quad (j = 1,2,3,4)$$

这就表明点 M 是四面体 $A_1A_2A_3A_4$ 的 $k+1$ 号心. 证毕.

在定理 3.3 中令 $k = 3$,可得:

推论 3.2[①] 四面体的顶点与其所对侧面三角形重心的连线(即四面体的中线)四线相交于同一点,每条中线被这一点分成 $3:1$ 两段,这个点正是四面体的重心.

由定理 3.3 显然可知:

推论 3.3 设四面体 $A_1A_2A_3A_4$ 的侧面 Δ_j 的 k 号心为 $Q_j(j = 1,2,3,4)$,则四面体 $Q_1Q_2Q_3Q_4$ 与四面体 $A_1A_2A_3A_4$ 相似,相似中心正是四面体 $A_1A_2A_3A_4$ 的 $k+1$ 号心 M,相似比是 $1:k$.

定理 3.4 设四面体 $A_1A_2A_3A_4$ 的外心为 O,k 号心为 Q,侧面 Δ_j 的 k 号心为 $Q_j(j = 1,2,3,4)$,则 $OA_j \text{ // } Q_jQ$,且 $|OA_j| = k|Q_jQ|$.

证明 根据定义 3.1 中(3.1)与(3.2)两式可得

---

① 苗国. 四面体的五"心"—— 重心、外心、内心、旁心和垂心[J]. 数学通报,1993(9):21 – 24.

$$\overrightarrow{Q_jQ} = \overrightarrow{OQ} - \overrightarrow{OQ_j} = \frac{1}{k}\overrightarrow{OA_j}$$

这就表明 $OA_j \parallel Q_jQ$,且 $|OA_j| = k|Q_jQ|(j = 1,2,3,4)$. 证毕.

在定理 3.4 中令 k 取某个特定整数,同样可得一些有趣结论,不再赘述.

熊曾润教授还将四面体关于外心 O 的 k 号心概念进一步推广至四面体的"广义 k 号心"(即四面体关于空间任一给定点 O 的 k 号心)[①],并研究了它的性质.

由四面体的 k 号心还可导出有关四面体中共球点的优美性质,本书将在第 10 章中介绍.

---

① 熊曾润.再谈四面体的十二点共球定理[J].中学教研(数学),2013(9):32 – 33.

第4章 四面体的等距共轭点与等角共轭点

三角形中有一类特殊点是成对出现的. 例如三角形的等距共轭点、等角共轭点[1];与三角形重心相对应的共轭重心(又称陪位重心、类似重心或莱莫恩(Lemoine)点)[1];与三角形垂心、内心相对应的三角形的伴垂心、伴内心等"伴心"[2];与三角形界心相对应的三角形的陪位界心[3]等. 将这些性质引申至四面体中,必定也可以得到一些有趣的性质. 本章研究三角形等距共轭点、等角共轭点在四面体中的类比推广.

4.1 四面体棱上的及侧面内的等距共轭点

1 有关定义

三角形一边上的等距共轭点是指:

定义 1.1 在 $\triangle ABC$ 的一边 BC 所在直线上取两点 X, X',使这两点关于 BC 的中点 M 对称,则称 X', X 为 BC 边上的一对等距共轭点[1](图 1.1).

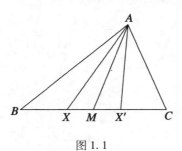

图 1.1

仿效上述概念,我们可以建立四面体的棱上和侧面内的等距共轭点概念如下:

定义 1.2 在四面体的一条棱所在直线上取两点 X, X',使这两点关于该棱的中点对称,则称 X, X' 为这条棱上的一对等距共轭点.

① R. A. 约翰逊,著. 单墫,译. 近代欧氏几何学[M]. 上海:上海教育出版社,1999:131 – 136;186 – 190.

② 洪凰翔,等. 三角形某些"伴心"的性质[J]. 中学数学,2001(4):37 – 38.

③ 耿恒考,等. 三角形的陪位周界中线[J]. 中学数学研究(广州),2002(5):19 – 20.

按照定义1.2可知,四面体任意两个顶点是它们所在棱上一对特殊的等距共轭点.

定义1.3　在四面体的一个侧面所在平面内取两点X,X',使这两点关于该侧面三角形的外心对称,则称X,X'为这个侧面内的一对等距共轭点.

2　四面体侧面内的等距共轭点的性质

四面体的侧面内的等距共轭点有下面的性质:

定理1.1[①]　在四面体$A_1A_2A_3A_4$所在空间任取一点P,过P分别作每个侧面的垂线,过每个垂足所在侧面内的等距共轭点作该面的垂线,所作的四条直线必交于一点.

证明:如图1.2,设四面体$A_1A_2A_3A_4$的外心为O,点O在侧面$A_2A_3A_4$上的射影为O_1,易知O_1是$\triangle A_2A_3A_4$的外心.

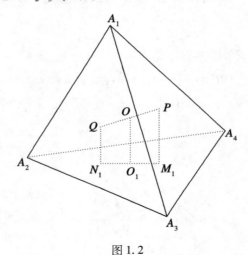

图1.2

作$PM_1 \perp$侧面$A_2A_3A_4$,垂足为M_1.设M_1在侧面$A_2A_3A_4$内的等距共轭点为N_1,由定义1.3知O_1是M_1N_1的中点,延长PO至Q,使$OQ = PO$.

因为PM_1,OO_1都垂直平面$A_2A_3A_4$,所以$PM_1 /\!/ OO_1$,则PQ与M_1N_1在同一平面内.

由O是PQ的中点、O_1是M_1N_1的中点知,$QN_1 /\!/ OO_1 /\!/ PM_1$.

因此$QN_1 \perp$面$A_2A_3A_4$.

---

①　曾建国.四面体的等距共轭点及其性质[J].数学通讯,2006(15):32 – 33.

由于过 N_1 与侧面 $A_2A_3A_4$ 垂直的直线是唯一的,表明,过 N_1 作侧面 $A_2A_3A_4$ 的垂线必经过点 Q.

同理可证,其他三条垂线也都经过点 Q. 证毕.

推论 1.1[1]　过四面体 $A_1A_2A_3A_4$ 的内切球与每一个侧面的切点在这个侧面内的等距共轭点作该侧面的垂线,所作的四条直线交于一点.

这是因为内切球与各面切点是内心在各面上的射影,结合定理 1.1 可知推论 1.1 的结论成立.

3　四面体棱上的等距共轭点的性质

（1）一个六面共点定理

四面体棱上的等距共轭点有下面的性质:

定理 1.2[1]　在四面体所在空间任取一点 P,过 P 分别作平面与每条棱垂直相交,过每个交点所在棱上的等距共轭点作该棱的垂面,所作六个平面交于一点.

证明:如图 1.3,设四面体 $A_1A_2A_3A_4$ 的外心为 O,过点 P,O 分别作平面与棱 A_3A_4 垂直相交于 M_1,B.

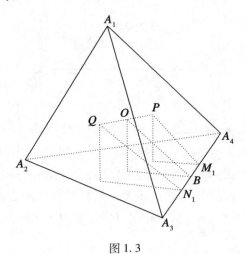

图 1.3

根据四面体外心的定义可知,B 是棱 A_3A_4 的中点. 设 N_1 是 M_1 在棱 A_3A_4 上的等距共轭点,过 N_1 作棱 A_3A_4 的垂面与直线 PO 相交于 Q.

① 曾建国. 四面体的等距共轭点及其性质[J]. 数学通讯,2006(15):32 – 33.

由上可知,所作三个平面互相平行.根据定义 1.2 又知,B 是 $M_1 N_1$ 的中点,所以 $OQ = PO$.

因为过 N_1 有且只有一个平面与直线 $A_3 A_4$ 垂直,所以过 N_1 作棱 $A_3 A_4$ 的垂面必经过定点 Q.同理可证,所作的其余五个平面也都经过点 Q. 证毕.

根据定理 1.2 可得:

推论 1.2[①]　若四面体 $A_1 A_2 A_3 A_4$ 存在棱切球[②],则过棱切球与每条棱的切点在棱上的等距共轭点作该棱的垂面,所作的六个面必交于一点.

注:这里的棱切球是指四面体的内棱切球,四面体存在内棱切球的充要条件是三组对棱之和相等[③].

这是因为棱切球与每条棱的切点是过棱切球球心作各棱垂面的交点,结合定理 1.2 可知结论成立.

上述定理及推论显然可以进一步推广至一般的球内接多面体中,这里不再赘述.

（2）一个六点共面定理

在三角形中,有下面的命题（应用梅涅劳斯定理很容易证明,见图 1.4）

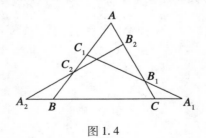

图 1.4

命题 1.1[④]　设 A_1 与 A_2,B_1 与 B_2,C_1 与 C_2 分别是 $\triangle ABC$ 的边 BC,CA,AB 上的等距共轭点,若点 A_1,B_1,C_1 共线,则点 A_2,B_2,C_2 也共线.

将上面的这个性质推广至四面体中,就得到一个有趣的六点共面定理.

定理 1.3[⑤]　设 B_{ij},B'_{ij} 是四面体 $A_1 A_2 A_3 A_4$ 的棱 $A_i A_j$ 上的等距共轭点（$1 \leqslant i < j \leqslant 4$）,若诸点 B_{ij}（$1 \leqslant i < j \leqslant 4$）共面（非四面体侧面）,则诸点 B'_{ij}（$1 \leqslant i < j \leqslant 4$）也共面.

---

① 曾建国.四面体的等距共轭点及其性质[J].数学通讯,2006(15):32 - 33.
② 杨之.初等数学研究的问题与课题[M].长沙:湖南教育出版社,1993:132.
③ 贺斌.四面体存在棱切球的一个充要条件[J].中学数学月刊,1998(3):46.
④ R. A. 约翰逊,著.单墫,译.近代欧氏几何学[M].上海:上海教育出版社,1999:135 - 136.
⑤ 曾建国.四面体的等距共轭点性质初探[J].中国初等数学研究,2009(1):35 - 39.

我们应用2.2节中关于四面体六点共面的充分必要条件(2.2节中定理2.1、定理2.2)来证明本节定理1.3.

定理1.3的证明：依题设知，六个点 $B_{ij}(1 \leq i < j \leq 4)$ 共面(非四面体侧面)，根据2.2节中定理2.1知，此六个点中，每个侧面三角形三边所在直线上的3点均共线，由命题1.1知，六个点 B'_{ij}(B_{ij} 的等距共轭点，$1 \leq i < j \leq 4$)中，每个侧面三角形三边所在直线上的三点也分别共线(例如，图1.5的侧面 $\triangle A_2A_3A_4$ 中，由 B_{23}，B_{34}，B_{24} 共线可得 B'_{23}，B'_{34}，B'_{24} 共线). 由2.2节中定理2.2知，六个点 $B'_{ij}(1 \leq i < j \leq 4)$ 共面. 证毕.

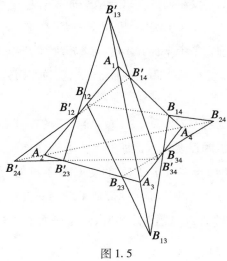

图1.5

4.2 四面体的等距共轭点

三角形的等距共轭点因下面的定理而得名(图2.1)[①]：

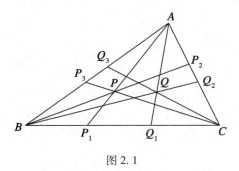

图2.1

命题2.1 设 P_1,Q_1,P_2,Q_2,P_3,Q_3 分别是 $\triangle A_1A_2A_3$ 的边 A_2A_3,A_3A_1,A_1A_2

① R.A.约翰逊,著. 单墫,译. 近代欧氏几何学[M]. 上海:上海教育出版社,1999:135 - 136.

上的等距共轭点,若直线 A_1P_1,A_2P_2,A_3P_3 相交于一点 P,则直线 A_1Q_1,A_2Q_2, A_3Q_3 也相交于一点 Q.

定义 2.1 称命题 2.1 中的点 P,Q 为 $\triangle A_1A_2A_3$ 的一对等距共轭点.

将三角形等距共轭点的性质(命题 2.1)推广至四面体中,就有下面的定理:

定理 2.1① 四面体 $A_1A_2A_3A_4$ 中,设棱 A_iA_j 的对棱上的一对等距共轭点为 B_{ij},B'_{ij}(非四面体顶点,$1 \le i < j \le 4$),若诸平面 $A_iA_jB_{ij}$($1 \le i < j \le 4$)交于一点,则诸平面 $A_iA_jB'_{ij}$($1 \le i < j \le 4$)也交于一点.

定义 2.2 称定理 2.1 中平面 $A_iA_jB_{ij}$ 与 $A_iA_jB'_{ij}$ 为四面体 $A_1A_2A_3A_4$ 中经过棱 A_iA_j($1 \le i < j \le 4$)的一对等距共轭面;点 P,Q 为四面体 $A_1A_2A_3A_4$ 的一对等距共轭点.

定理 2.1 的证明:我们应用 2.1 节中六面共点的充分必要条件来证明.

因 2.1 节定理 1.1 题设要求六面所共的点非四面体顶点,故此须先证定理 2.1 中六个平面 $A_iA_jB_{ij}$($1 \le i < j \le 4$)的交点 M 不可能为四面体的顶点.

假设 M 是四面体 $A_1A_2A_3A_4$ 的顶点 A_1,则 A_1A_2,A_1A_3,A_1A_4 上的三点 B_{34},B_{24},B_{23} 与顶点 A_1 重合(图 2.2),与题设矛盾!故六个平面 $A_iA_jB_{ij}$($1 \le i < j \le 4$)的交点 M 非四面体顶点.

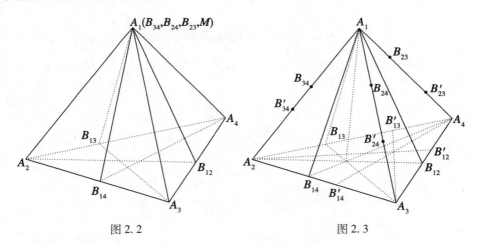

图 2.2　　　　　　　　　　　图 2.3

根据 2.1 节定理 1.1 可知,在四面体 $A_1A_2A_3A_4$ 各侧面 Δ_i($1 \le i \le 4$)上,由

---

① 曾建国. 四面体的等距共轭点性质初探[J]. 中国初等数学研究,2009(1):35 – 39.

点 $B_{ij}(1 \leq i < j \leq 4)$ 形成的三条塞瓦线都分别交于一点或相互平行.

根据命题 2.1 又知,在每个侧面 $\Delta_i(1 \leq i \leq 4)$ 上,由点 B_{ij} 的等距共轭点 $B'_{ij}(1 \leq i < j \leq 4)$ 形成的三条塞瓦线也都分别交于一点或相互平行(例如图 2.3 中侧面 Δ_1 上,由 A_2B_{12},A_3B_{13},A_4B_{14} 共点或平行可得 $A_2B'_{12}$,$A_3B'_{13}$,$A_4B'_{14}$ 共点或平行).

根据 2.1 节中定理 1.2 可知,六个平面 $A_iA_jB'_{ij}(1 \leq i < j \leq 4)$ 交于一点. 定理 2.1 获证.

定理 2.1 将三角形的等距共轭点的优美性质(命题 2.1)惟妙惟肖地推广至四面体中.

4.3   四面体的等角共轭点

1   三角形的等角共轭点

在三角形中,与等距共轭点类似的还有等角共轭点,等角共轭点具有比等距共轭点更丰富的性质.

定义 3.1[①]   在 $\triangle ABC$ 的一边 BC 所在直线上取两点 X,X',若直线 AX,AX' 关于 $\angle A$ 的平分线 AM 对称,则称 X',X 为 BC 边上的一对等角共轭点,AX,AX' 称为从 $\triangle ABC$ 的顶点 A(或 $\angle A$)引出的一对等角共轭线(简称等角线,图 3.1).

三角形的等角共轭点因下面的结论而得名(图 3.2):

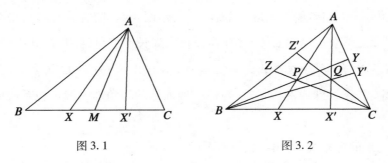

图 3.1   图 3.2

命题 3.1[①]   过 $\triangle ABC$ 的顶点 A,B,C 分别作等角线 AX,AX',BY,BY',CZ,CZ',若直线 AX,BY,CZ 相交于一点 P,则直线 AX',BY',CZ' 也相交于一点 Q.

定义 3.2[①]   称命题 3.1 中的点 P,Q 为 $\triangle ABC$ 的等角共轭点.

---

① R. A. 约翰逊,著. 单墫,译. 近代欧氏几何学[M]. 上海:上海教育出版社,1999:131 - 136.

2 有关概念、性质在四面体中的类比移植

将三角形的等角线类比移植至四面体中,可得四面体的等角面的概念(图3.3).

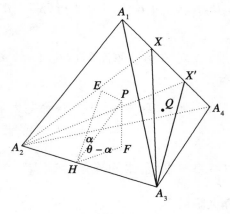

图 3.3

定义 3.3[①]   从四面体 $A_1A_2A_3A_4$ 的棱 A_2A_3 引两个平面,关于二面角 $A_1 - A_2A_3 - A_4$ 的平分面对称,与对棱 A_1A_4 所在直线分别交于 X, X',则 X', X 为棱 A_1A_4 上的一对等角共轭点,平面 A_2A_3X 与 A_2A_3X' 称为从四面体 $A_1A_2A_3A_4$ 的棱 A_2A_3 引出的一对等角共轭面(简称等角面).

按此定义可知,四面体的内、外二面角平分面是重合的等角面;四面体相邻两侧面也是一对特殊的等角面;四面体的等角面要么都在四面体内,要么都在四面体外. 当需要讨论四面体等角面的面积、周长等度量问题时,其面积、周长就是指截面三角形(例如图3.3中 $\triangle A_2A_3X$ 与 $\triangle A_2A_3X'$)的面积、周长.

约定:若无特殊说明,本节所讨论的四面体的等角面一般不包括四面体的侧面.

三角形的等角线、等角共轭点有下面的性质[①]:

命题 3.2   从三角形一个角的等角线上的点到角的两边的距离成反比.

推论 3.1   三角形的等角共轭点到三边的距离成反比.

命题 3.3   三角形一个顶点引出的两条等角线分对边的比的积是一个定

---

① 曾建国. 四面体的等角共轭点性质初探[J]. 数学通报,2012(4):60 – 63.

值,等于这个顶点的两条邻边的平方的比.

将命题 3.2 引申至四面体中,就有下面的定理:

定理 3.1 从四面体 $A_1A_2A_3A_4$ 的棱 A_2A_3 引出的等角面上的点 P,Q 到两个侧面 Δ_1 及 Δ_4 的距离成反比.

证明:如图 3.3,不妨设等角面 A_2A_3X,A_2A_3X' 都在二面角 $A_1 - A_2A_3 - A_4$ 内部,设 P,Q 分别是等角面 A_2A_3X,A_2A_3X' 上的点,到侧面 Δ_1 及 Δ_4 的距离分别为 p_1,p_4 和 q_1,q_4.

根据定义 3.3 知,二面角 $A_1 - A_2A_3 - X$ 与 $A_4 - A_2A_3 - X'$ 大小相等,设为 α.

过 P 作侧面 Δ_1,Δ_4 的垂线,垂足为 E,F,则平面 PEF 与棱 A_2A_3 垂直相交于点 H,设 $\angle EHF = \theta$,则 $\angle PHF = \theta - \alpha$,则有

$$\frac{p_1}{p_4} = \frac{PF}{PE} = \frac{PH \cdot \sin(\theta - \alpha)}{PH \cdot \sin \alpha} = \frac{\sin(\theta - \alpha)}{\sin \alpha} \qquad (3.1)$$

同理可得

$$\frac{q_1}{q_4} = \frac{\sin \alpha}{\sin(\theta - \alpha)} \qquad (3.2)$$

于是有 $p_1q_1 = p_4q_4$. 证毕.

注:上述证法同样适用二面角 $A_1 - A_2A_3 - A_4 = \theta$ 为钝角的情形;当等角面 A_2A_3X,A_2A_3X' 都在二面角 $A_1 - A_2A_3 - A_4$ 外时,只需将(3.1)与(3.2)两式中的角 $\theta - \alpha$ 改为 $\theta + \alpha$,同理可得 $p_1q_1 = p_4q_4$ 成立.

在定理 3.1 中,如果限定 P,Q 均在二面角 $A_1 - A_2A_3 - A_4$ 内(或均在二面角 $A_1 - A_2A_3 - A_4$ 外),那么其逆命题成立,即有:

定理 3.2 四面体 $A_1A_2A_3A_4$ 中二面角 $A_1 - A_2A_3 - A_4$ 内(外)两点 P,Q 到两个侧面 Δ_1 及 Δ_4 的距离成反比的充要条件是:P,Q 分别在从棱 A_2A_3 引出的一对等角面上.

证明:充分性在定理 3.1 中已证明,只需证明必要性.

不妨设 P,Q 均在二面角 $A_1 - A_2A_3 - A_4$ 内,并设 P 与 Q 到侧面 Δ_1,Δ_4 的距离分别为 p_1,p_4 及 q_1,q_4.

现已知 $p_1q_1 = p_4q_4$,需证明 P,Q 分别在从棱 A_2A_3 引出的一对等角面上.

分别经过点 P,Q 作平面 A_2A_3X,A_2A_3X' 交对棱 A_1A_4 于点 X,X'. 因 P,Q 是二面角 $A_1 - A_2A_3 - A_4$ 内的点,故 X,X' 是棱 A_1A_4 的内点(图 3.4).

47

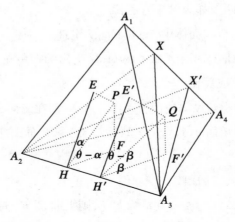

图 3.4

设二面角 $A_1 - A_2A_3 - A_4, A_1 - A_2A_3 - X, A_4 - A_2A_3 - X'$ 的大小分别为 $\theta, \alpha,$ β，依题设可知 $\theta, \alpha, \beta \in (0, \pi)$ 且 $\alpha, \beta < \theta.$

仿照定理 3.1 的证法中的作图方法(图 3.4)及运算,可得

$$\frac{p_1}{p_4} = \frac{\sin(\theta - \alpha)}{\sin \alpha} \qquad (3.3)$$

$$\frac{q_1}{q_4} = \frac{\sin \beta}{\sin(\theta - \beta)} \qquad (3.4)$$

结合 $p_1q_1 = p_4q_4$ 就得

$$\sin \alpha \sin(\theta - \beta) = \sin \beta \sin(\theta - \alpha) \qquad (3.5)$$

经整理得

$$\sin \theta \sin(\alpha - \beta) = 0 \qquad (3.6)$$

因此有 $\sin(\alpha - \beta) = 0$,故 $\alpha = \beta.$

表明 P, Q 在从棱 A_2A_3 引出的一对等角面上. 证毕.

注:当 P, Q 均在二面角 $A_1 - A_2A_3 - A_4$ 外时,只需将式(3.3),(3.4),(3.5)中的角 $\theta - \alpha$ 改为 $\theta + \alpha, \theta - \beta$ 改为 $\theta + \beta$,同样可得式(3.6).

推论 3.1 的结论也可以推广至四面体中(见本节推论 3.2).

将命题 3.3 引申至四面体中,就有:

定理 3.3[①]   从四面体的一条棱引出的两个等角面分对棱的比的乘积为定

---

① 曾建国. 四面体的等角共轭点性质初探[J]. 数学通报,2012(4):60 - 63.

值,等于这条棱相邻两侧面面积的平方的比.

为证明定理 3.3,先证明下面的引理.

引理 3.1 设 X 是四面体 $A_1A_2A_3A_4$ 的棱 A_1A_4 上一点,若二面角 $A_1 - A_2A_3 - X$ 与 $X - A_2A_3 - A_4$ 的大小分别为 α, β, 侧面 Δ_1, Δ_4 的面积分别为 S_1, S_4, 则 $\dfrac{A_1X}{XA_4} = \dfrac{S_4 \sin \alpha}{S_1 \sin \beta}$.

证明:如图 3.5,设 A_1, A_4 在平面 A_2A_3X 上的射影分别为 E, F, 过 A_1, A_4 作 A_2A_3 的垂线,垂足分别为 C, D, 则 $\angle A_1CE$ 与 $\angle A_4DF$ 分别是二面角 $A_1 - A_2A_3 - X$ 与 $X - A_2A_3 - A_4$ 的平面角(或其补角).

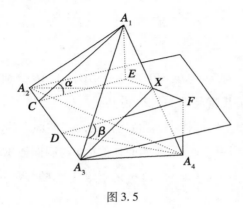

图 3.5

则

$$\frac{A_1X}{XA_4} = \frac{A_1E}{FA_4} = \frac{A_1C \sin \alpha}{A_4D \sin \beta} = \frac{\dfrac{2S_4}{A_2A_3} \sin \alpha}{\dfrac{2S_1}{A_2A_3} \sin \beta} = \frac{S_4 \sin \alpha}{S_1 \sin \beta}$$

证毕.

利用引理 3.1 可以证明定理 3.3.

定理 3.3 的证明:如图 3.4,以棱 A_2A_3 引出的一对等角面 A_2A_3X 与 A_2A_3X' 为例,需证明 $\dfrac{A_1X}{XA_4} \cdot \dfrac{A_1X'}{X'A_4}$ 为定值 $\dfrac{S_4^2}{S_1^2}$.

设侧面 Δ_1, Δ_4 的面积分别为 S_1, S_4, 二面角 $A_1 - A_2A_3 - X$ 与 $X - A_2A_3 - A_4$ 的大小分别为 α, β. 根据等角面的定义(定义 3.3)知,二面角 $A_1 - A_2A_3 - X'$ 与 $X' - A_2A_3 - A_4$ 的大小分别为 β, α, 由引理 3.1 可得

$$\frac{A_1 X}{X A_4} \cdot \frac{A_1 X'}{X' A_4} = \frac{S_4 \sin \alpha}{S_1 \sin \beta} \cdot \frac{S_4 \sin \beta}{S_1 \sin \alpha} = \frac{S_4^2}{S_1^2}$$

证毕.

3 四面体的一个六点共面定理①

关于三角形边上的等角共轭点有下面的一个共线点命题(图 3.6).

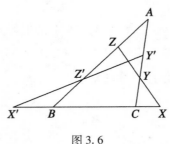

图 3.6

命题 3.4② 设一直线与 $\triangle ABC$ 的三边 BC,CA,AB 分别交于 X,Y,Z,则 X, Y,Z 所在边上的等角共轭点 X',Y',Z' 也共线.

将命题 3.4 引申至四面体中,就得下面的六点共面定理.

定理 3.4[注1] 设一平面 π(非四面体侧面)与四面体 $A_1 A_2 A_3 A_4$ 的棱 $A_i A_j$ 所在直线交于点 $B_{ij}(1 \leq i < j \leq 4)$,则 B_{ij} 在棱 $A_i A_j$ 上的等角共轭点 $B'_{ij}(1 \leq i < j \leq 4)$ 也共面.

[注 1]:定理 3.4 不受本节对等角面约定(非四面体侧面)的限制,题设中平面 π 虽然非四面体侧面,但它与四面体各棱的交点 B_{ij} 仍有可能是四面体顶点. 因此须分情况讨论.

证明:(i)当六点 $B_{ij}(1 \leq i < j \leq 4)$ 均不是四面体 $A_1 A_2 A_3 A_4$ 的顶点时.

根据 2.2 节中关于四面体六点共面的充分条件(2.2 节中定理 2.2)知,欲证六点 $B'_{ij}(1 \leq i < j \leq 4)$ 共面,只需证明此六个点中,位于每个侧面三角形三边所在直线上的三点都分别共线.

以侧面 Δ_3(即 $A_1 A_2 A_4$)为例. 如图 3.7,依题设知六个点 $B_{ij}(1 \leq i < j \leq 4)$ 共于平面 π(非四面体侧面),根据 2.2 节中定理 2.1 可知,B_{12},B_{14},B_{24} 共线,根

① 曾建国. 四面体的一个六点共面定理 —— 三角形一个共线点命题的空间移植[J]. 中学数学研究,2022(4)(上半月):20 - 22.

② R. A. 约翰逊,著. 单墫,译. 近代欧氏几何学[M]. 上海:上海教育出版社,1999:131 - 136.

据三角形梅涅劳斯定理(1.1 节中定理 1.1) 知

$$\frac{A_1 B_{12}}{B_{12} A_2} \cdot \frac{A_2 B_{24}}{B_{24} A_4} \cdot \frac{A_4 B_{14}}{B_{14} A_1} = -1 \tag{3.7}$$

根据定理 3.3 可知[注2]

$$\frac{A_1 B_{12}}{B_{12} A_2} \cdot \frac{A_1 B'_{12}}{B'_{12} A_2} \cdot \frac{A_2 B_{24}}{B_{24} A_4} \cdot \frac{A_2 B'_{24}}{B'_{24} A_4} \cdot \frac{A_4 B_{14}}{B_{14} A_1} \cdot \frac{A_4 B'_{14}}{B'_{14} A_1} = \frac{S_2^{\ 2}}{S_1^{\ 2}} \cdot \frac{S_4^{\ 2}}{S_2^{\ 2}} \cdot \frac{S_1^{\ 2}}{S_4^{\ 2}} = 1$$

$$\tag{3.8}$$

由(3.7),(3.8) 两式可得

$$\frac{A_1 B'_{12}}{B'_{12} A_2} \cdot \frac{A_2 B'_{24}}{B'_{24} A_4} \cdot \frac{A_4 B'_{14}}{B'_{14} A_1} = -1$$

根据三角形梅涅劳斯定理的逆定理(1.1 节中定理 1.1) 知 $B'_{14}, B'_{12}, B'_{24}$ 共线.

同理可证,六个点 $B'_{ij}(1 \leqslant i < j \leqslant 4)$ 中,位于其余各侧面三角形三边上的三点也分别共线,所以六点 $B'_{ij}(1 \leqslant i < j \leqslant 4)$ 共面.

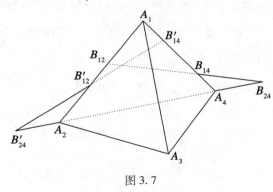

图 3.7

（ⅱ）当六点 $B_{ij}(1 \leqslant i < j \leqslant 4)$ 中有四面体 $A_1 A_2 A_3 A_4$ 的某些顶点时,则平面 π 经过了这些顶点. 依题设知平面 π 非四面体侧面,则平面 π 至多经过四面体 $A_1 A_2 A_3 A_4$ 的 2 个顶点.

① 如图 3.8,设平面 π 仅经过四面体 $A_1 A_2 A_3 A_4$ 的顶点 A_1,易知 B_{12}, B_{13}, B_{14} 与 A_1 重合,它们各自所在棱上的等角共轭点 $B'_{12}(A_2), B'_{13}(A_3), \dot{B}'_{14}(A_4)$ 都在侧面 $A_2 A_3 A_4$ 上,显然有六点 $B'_{ij}(1 \leqslant i < j \leqslant 4)$ 共面.

② 如图 3.9,设平面 π 经过四面体 $A_1 A_2 A_3 A_4$ 的顶点 A_1, A_4,则 B_{12}, B_{13} 与 A_1 重合,B_{23}, B_{24} 与 A_4 重合,它们各自所在棱上的等角共轭点分别是 A_2, A_3,显然也

有六点 $B'_{ij}(1 \leqslant i < j \leqslant 4)$ 共面. 定理 3.4 获证.

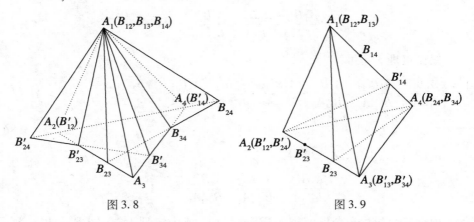

图 3.8   图 3.9

［注 2］:在上述证明过程中,当某些点 B_{ij} 是四面体 $A_1A_2A_3A_4$ 的顶点时,不能使用定理 3.3 来证明式(3.8). 因为此时有一些等角面是四面体的侧面(超出本节对等角面的约定范围),定理 3.3 不成立.

另外,需要特别指出的是,当定理 3.4 中平面 π 为四面体的某一侧面时,结论不成立. 如图 3.10,虽然诸点 $B_{ij}(1 \leqslant i < j \leqslant 4)$ 都在侧面 $A_2A_3A_4$ 上,但其等角共轭点 $B'_{ij}(1 \leqslant i < j \leqslant 4)$ 可能不共面.

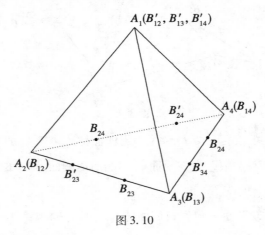

图 3.10

4　四面体的等角共轭点

将命题 3.1 移植至四面体中,就有:

定理 3.5[①]   过四面体 $A_1A_2A_3A_4$ 的棱 A_kA_l 作一对等角面 $\pi_{ij},\pi'_{ij}(1 \leqslant k <$ $l \leqslant 4,1 \leqslant i < j \leqslant 4$ 且 $\{i,j\} \cap \{k,l\} = \varnothing)$,若诸平面 $\pi_{ij}(1 \leqslant i < j \leqslant 4)$ 交于一点 P,则诸平面 $\pi'_{ij}(1 \leqslant i < j \leqslant 4)$ 也交于一点 Q.

定义 3.4[①]   称定理 3.5 中的点 P,Q 为四面体 $A_1A_2A_3A_4$ 的等角共轭点.

定理 3.5 的证明:设等角面 π_{ij},π'_{ij} 与 A_kA_l 的对棱 A_iA_j 分别交于 B_{ij},B'_{ij}. 依题设,六个平面 $\pi_{ij}(1 \leqslant i < j \leqslant 4)$ 交于一点 P,根据 2.1 节中定理 1.1 知,四面体 $A_1A_2A_3A_4$ 各侧面 Δ_m 上由 B_{ij} 形成的三条塞瓦线均分别交于一点 $P_m(1 \leqslant m \leqslant 4)$ 或互相平行,则由此可以证明侧面 Δ_m 上由 B'_{ij} 形成的三条塞瓦线也分别交于一点 $Q_m(1 \leqslant m \leqslant 4)$ 或平行.

以侧面 Δ_1(即 $A_2A_3A_4$)为例. 如图 3.11,如上所述,侧面 Δ_1 上有 A_2B_{34}, A_3B_{24},A_4B_{23} 交于一点 P_1 或互相平行,我们来证明 $A_2B'_{34},A_3B'_{24},A_4B'_{23}$ 交于一点 Q_1 或互相平行.

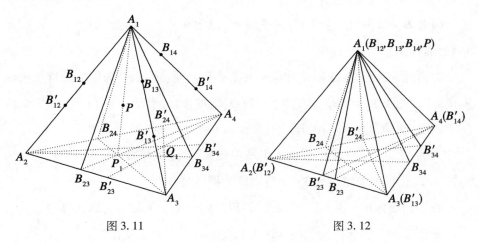

图 3.11   图 3.12

设侧面 Δ_m 的面积为 $S_m(1 \leqslant m \leqslant 4)$,则根据定理 3.3 可得

$$\frac{A_iB_{ij}}{B_{ij}A_j} \cdot \frac{A_iB'_{ij}}{B'_{ij}A_j} = \frac{S_j^2}{S_i^2} \quad (1 \leqslant i < j \leqslant 4) \tag{3.9}$$

在 $\triangle A_2A_3A_4$ 中,因 $A_2B_{34},A_3B_{24},A_4B_{23}$ 交于一点 P_1 或互相平行,根据三角形

①   曾建国. 四面体的等角共轭点性质初探[J]. 数学通报,2012(4):60 – 63.

塞瓦定理(1.2 节中定理 2.1)知

$$\frac{A_2B_{23}}{B_{23}A_3} \cdot \frac{A_3B_{34}}{B_{34}A_4} \cdot \frac{A_4B_{24}}{B_{24}A_2} = 1 \tag{3.10}$$

根据式(3.9)可得

$$\frac{A_2B_{23}}{B_{23}A_3} \cdot \frac{A_2B'_{23}}{B'_{23}A_3} \cdot \frac{A_3B_{34}}{B_{34}A_4} \cdot \frac{A_3B'_{34}}{B'_{34}A_4} \cdot \frac{A_4B'_{24}}{B'_{24}A_2} \cdot \frac{A_4B'_{24}}{B'_{24}A_2} = \frac{S_3^2}{S_2^2} \cdot \frac{S_4^2}{S_3^2} \cdot \frac{S_2^2}{S_4^2} = 1$$

$$\tag{3.11}$$

综合式(3.10),(3.11)可得

$$\frac{A_2B'_{23}}{B'_{23}A_3} \cdot \frac{A_3B'_{34}}{B'_{34}A_4} \cdot \frac{A_4B'_{24}}{B'_{24}A_2} = 1$$

根据三角形塞瓦定理的逆定理(1.2 节中定理 2.1)知,$A_2B'_{34}$,$A_3B'_{24}$,$A_4B'_{23}$ 交于一点 Q_1 或互相平行.

同理可证,其余各侧面 Δ_m 上由 B'_{ij} 形成的三条塞瓦线也分别交于一点 $Q_m(2 \leqslant m \leqslant 4)$ 或互相平行.

根据 2.1 节中定理 1.2 知,诸平面 $\pi'_{ij}(1 \leqslant i < j \leqslant 4)$ 也交于一点 Q. 定理 3.5 获证.

必须说明,定理 3.5 对于题设中有某些等角面是四面体的侧面的特殊情形不成立. 如图 3.12,当 B_{12},B_{13},B_{14} 与顶点 A_1 重合时,诸平面 $\pi_{ij}(1 \leqslant i < j \leqslant 4)$ 交于一点 P(即顶点 A_1),但其等角面 $\pi'_{ij}(1 \leqslant i < j \leqslant 4)$ 不共点.

当然,上面定理 3.5 的证法也不适用此类特殊情形. 因为 2.1 节中定理 1.1、定理 1.2(包括本节定理 3.3)不适用此类特殊情形.

有了四面体等角共轭点的概念,就可以将推论 3.1 移植至四面体中.

推论 3.2　四面体的等角共轭点到各侧面的距离成反比.

即:设四面体 $A_1A_2A_3A_4$ 的一对等角共轭点 P,Q 到侧面 Δ_m 的距离为 p_m,$q_m(1 \leqslant m \leqslant 4)$,则有 $p_1q_1 = p_2q_2 = p_3q_3 = p_4q_4$. 根据定理 3.1 容易证明推论 3.2.

[注 3]:本节定理 3.1 及推论 3.2 对于等角面为四面体侧面的特殊情形也成立.

4.4　四面体的共轭重心[①]

1　引言

三角形中线的等角线称为共轭中线(或称陪位中线、类似中线)[②③④⑤]. 根据三角形等角共轭点的性质(4.3 节命题 3.1)可得:

命题4.1　三角形的三条共轭中线交于一点.

定义4.1　称命题 4.1 中的这一交点(即三角形重心的等角共轭点)为这个三角形的共轭重心(或称为类似重心、陪位重心)[②③④⑤].

三角形的共轭重心是 19 世纪由法国数学家莱莫恩(E. Lemoine, 1840—1912)引入的三角形的一个特殊点,所以又被称为三角形的莱莫恩点[②③]. 近年来人们重新关注三角形的共轭重心,通过研究又发掘出许多有趣性质[④⑤].

本节我们尝试将三角形共轭重心概念引申至四面体中,建立四面体共轭重心概念并研究它的性质.

2　四面体共轭重心的概念

将三角形中线概念引申至四面体中,可得四面体的中面及重心概念.

定义4.2　过四面体一条棱及对棱中点的平面称为四面体的中面.

命题4.2(**四面体重心定理**)　四面体的六个中面交于一点(重心).

类比三角形共轭中线概念就得到四面体的共轭中面的概念.

定义4.3　称四面体中面的等角面为该中面的共轭中面.

根据四面体等角共轭点的概念及性质(4.3 节定理 3.5)与命题 4.2 立即可得四面体的共轭重心的概念.

定理4.1　四面体的六个共轭中面必交于一点.

定义4.4　称定理 4.1 中四面体六个共轭中面的交点(即四面体重心的等

① 曾建国.四面体的共轭重心及其性质[J].数学通讯,2022(9)(下半月):42 – 44.
② R. A. 约翰逊,著.单墫,译.近代欧氏几何学[M].上海:上海教育出版社,1999:131 – 136;186 – 190.
③ 王文才,施桂芬.数学小辞典[M].北京:科学技术文献出版社,1983:145.
④ 沈文选.三角形共轭中线的性质及应用[J].中等数学,2016(2):2 – 9.
⑤ 汪学思.陪位中线与陪位重心[J]数学通报,2019(12):54 – 58.

角共轭点)为四面体的共轭重心(或称为四面体的莱莫恩点).

3 四面体共轭重心的性质

(1) 有关引理

在三角形中,因为重心与各顶点的连线将三角形面积三等分,所以三角形的重心到三边距离与三边成反比.结合4.3节中推论3.1就得:三角形的共轭重心到三边的距离与三边成比例,而且在三角形中这样的点仅有共轭重心一个.即:

命题4.3[①]　设 $\triangle A_1A_2A_3$ 的顶点 A_i 所对边(长)为 a_1,共轭重心 K 到边 a_i 的距离为 $d_i(i = 1,2,3)$,则

$$\frac{d_1}{a_1} = \frac{d_2}{a_2} = \frac{d_3}{a_3} \tag{4.1}$$

反过来,$\triangle A_1A_2A_3$ 中满足式(4.1)的点 K 仅有一个,就是共轭重心.

我们还需要有关四面体重心的一个熟知的结论.

命题4.4[②]　设四面体 $A_1A_2A_3A_4$ 的重心为 G,则四面体 $GA_2A_3A_4$,$GA_1A_3A_4$,$GA_1A_2A_4$,$GA_1A_2A_3$ 的体积相等.

(2) 四面体共轭重心的几个性质

利用上述结论可将命题4.3引申至四面体中,得四面体的共轭重心有如下性质:

定理4.2　设四面体 $A_1A_2A_3A_4$ 的共轭重心 K 到侧面 Δ_i 的距离为 d_i,顶点 A_i 所对侧面 Δ_i 的面积为 $S_i(1 \le i \le 4)$,则

$$\frac{d_1}{S_1} = \frac{d_2}{S_2} = \frac{d_3}{S_3} = \frac{d_4}{S_4} \tag{4.2}$$

反过来,四面体 $A_1A_2A_3A_4$ 内满足式(4.2)的点 K 仅有一个,就是共轭重心.

证明:设四面体 $A_1A_2A_3A_4$ 的重心 G 到侧面 Δ_i 的距离为 $p_i(1 \le i \le 4)$,由命题4.4得

$$S_1p_1 = S_2p_2 = S_3p_3 = S_4p_4 \tag{4.3}$$

因 G 与 K 是四面体的等角共轭点,由4.3节推论3.2可得

---

① R. A. 约翰逊,著.单墫,译.近代欧氏几何学[M].上海:上海教育出版社,1999:186 – 190.
② 苏化明.四面体[M].哈尔滨:哈尔滨工业大学出版社,2018:85 – 86.

$$p_1 d_1 = p_2 d_2 = p_3 d_3 = p_4 d_4 \qquad (4.4)$$

综合(4.3),(4.4)两式得

$$\frac{d_1}{S_1} = \frac{d_2}{S_2} = \frac{d_3}{S_3} = \frac{d_4}{S_4}$$

反之,设四面体 $A_1 A_2 A_3 A_4$ 内另有一点 K' 到侧面 Δ_i 的距离为 $d_i{}'(1 \leqslant i \leqslant 4)$,满足

$$\frac{d_1{}'}{S_1} = \frac{d_2{}'}{S_2} = \frac{d'_3}{S_3} = \frac{d'_4}{S_4} \qquad (4.5)$$

(4.3),(4.5)两式相乘可得

$$p_1 d_1{}' = p_2 d_2{}' = p_3 d_3{}' = p_4 d_4{}' \qquad (4.6)$$

式(4.6)表明:K' 与重心 G 到四面体任意两侧面的距离都成反比,根据4.3 节定理3.2的必要性(K',G 均为四面体内点,显然也在任何两侧面所成二面角内)可知,K' 必在四面体 $A_1 A_2 A_3 A_4$ 各中面的等角面(共轭中面)上. 根据四面体共轭重心的唯一性(定理4.1)可知,K' 就是共轭重心 K. 证毕.

推论4.1 设四面体 $A_1 A_2 A_3 A_4$ 的体积为 V,共轭重心 K 到侧面 Δ_i 的距离为 d_i,顶点 A_i 所对侧面 Δ_i 的面积为 $S_i(1 \leqslant i \leqslant 4)$,则 $d_i = \dfrac{3VS_i}{S_1^2 + S_2^2 + S_3^2 + S_4^2}(1 \leqslant i \leqslant 4)$.

证明:根据定理4.2,可设

$$\frac{d_1}{S_1} = \frac{d_2}{S_2} = \frac{d_3}{S_3} = \frac{d_4}{S_4} = \lambda \qquad (4.7)$$

由四面体中面及共轭中面的定义(定义4.2、定义4.3)显然可知,四面体共轭重心 K 是四面体的内点. 因此有

$$V = \frac{1}{3} S_1 d_1 + \frac{1}{3} S_2 d_2 + \frac{1}{3} S_3 d_3 + \frac{1}{3} S_4 d_4 \qquad (4.8)$$

根据(4.7),(4.9)两式可得 $3V = \lambda(S_1^2 + S_2^2 + S_3^2 + S_4^2)$,即有 $\lambda = \dfrac{3V}{S_1^2 + S_2^2 + S_3^2 + S_4^2}$,进而可得 $d_i = \dfrac{3VS_i}{S_1^2 + S_2^2 + S_3^2 + S_4^2}(1 \leqslant i \leqslant 4)$. 证毕.

三角形的共轭重心还有下面的性质:

命题 4.5[1]   平面上到三角形三边距离的平方和最小的点是共轭重心.

引申至四面体中可得下面定理.

定理 4.3   四面体内到各侧面距离的平方和最小的点是共轭重心.

证明:设四面体 $A_1A_2A_3A_4$ 的体积为 V,侧面的面积为 $\triangle_i$,四面体内一点 P 到侧面 Δ_i 的距离为 $p_i(1 \leq i \leq 4)$,于是有

$$S_1p_1 + S_2p_2 + S_3p_3 + S_4p_4 = 3V$$

结合柯西(Cauchy)不等式就得

$$(S_1^2 + S_2^2 + S_3^2 + S_4^2)(p_1^2 + p_2^2 + p_3^2 + p_4^2) \geq (S_1p_1 + S_2p_2 + S_3p_3 + S_4p_4)^2 = 9V^2$$

因此

$$p_1^2 + p_2^2 + p_3^2 + p_4^2 \geq \frac{9V^2}{S_1^2 + S_2^2 + S_3^2 + S_4^2}$$

等号成立当且仅当

$$\frac{p_1}{S_1} = \frac{p_2}{S_2} = \frac{p_3}{S_3} = \frac{p_4}{S_4} \tag{4.9}$$

根据定理 4.2 知,在四面体内满足式(4.9)的点 P 仅有一个,即共轭重心 K. 此时 $p_1^2 + p_2^2 + p_3^2 + p_4^2$ 取得最小值 $\dfrac{9V^2}{S_1^2 + S_2^2 + S_3^2 + S_4^2}$. 证毕.

4   后记

本节应用类比思想,建立了四面体的共轭重心的概念,得到了它的几个性质,还很不完善. 三角形的共轭重心还有许多其他性质,但将它们类比移植到四面体中有较大困难. 例如,三角形的共轭重心 K 并非平面上到三边距离成比例(满足式(4.1))的唯一的点(注意命题 4.3 限定了在 $\triangle A_1A_2A_3$ 中),三角形外另有 3 个点也适合,即三角形的三个"旁共轭重心"[1]. 但由于尚不清楚"旁共轭重心"可否类比引申至四面体中,所以本节定理 4.3 暂且在题设中限定了在"四面体内". 不过类比命题 4.5 三角形中的结论及文献 ① 中的论证,我们有理由相信,将定理 4.3 改成下面的表述很有可能也是正确的:

猜想:空间到四面体各侧面距离的平方和最小的点是共轭重心.

---

① R. A. 约翰逊,著. 单壿,译. 近代欧氏几何学[M]. 上海:上海教育出版社,1999:186 – 190.

第 5 章　四面体的葛尔刚点
与奈格尔点

　　在第 3 章中,我们研究了四面体中的几个特殊点. 本章我们再把三角形中另外两个有名的点 —— 葛尔刚点与奈格尔点类比引申至四面体中.

　　三角形的奈格尔点又称界心,我们在 3.2 节中已将它移植到四面体中,得到四面体的界心概念及其性质. 本章在 5.3 节中将对它进行另一种类比引申.

　　葛尔刚点是人们熟知的三角形中的巧合点之一,因法国数学家葛尔刚(J. D. Gergonne,1771—1859)发现三角形的如下优美性质而得名[1]:连接三角形的顶点和内切圆与对边切点的直线交于一点(参见 5.2 节图 2.1).

　　将三角形葛尔刚点(与内切圆有关)引申至四面体中,如果按照习惯的类比方法,就容易猜想四面体的葛尔刚点可能与内切球有关,但这种类比推广却难于成功. 经探索后发现,三角形的葛尔刚点可以类比引申至有内棱切球的四面体中.

　　类似地,三角形的奈格尔点还可以类比引申至有侧棱切球[2]的四面体中.

　　为此,我们先介绍四面体的棱切球等概念.

5.1　四面体的棱切球

　　与三角形有外接圆、内切圆、旁切圆类似,四面体则有外接球、内切球与旁切球,人们比较熟悉的是外接球和内切球. 四面体的旁切球其实就远比三角形的旁切圆要复杂得多. 因为与四面体的各面都相切的球(包括内切球与旁切球)可能有五 ~ 八个. 也就是说,除了内切球,还有四 ~ 七个旁切球[3].

　　尽管早在 20 世纪 60 年代出版的朱德祥先生所著的《初等数学复习及研究(立体几何)》(第 1 版)中就有这方面内容的介绍,但直至今天,人们在研究四

---

①　R. A. 约翰逊,著. 单墫,译. 近代欧氏几何学[M]. 上海:上海教育出版社,1999:160.
②　曾建国. 四面体的侧棱切球与奈格尔(Nagel)点[J]. 中学数学教学,2010(4):58 – 60.
③　朱德祥. 初等数学复习及研究(立体几何)[M]. 北京:人民教育出版社,1979:129.

面体旁切球的性质时,一般仍只研究四个临面区①的旁切球,而很少关注其他的旁切球. 棱切球的情形则更为复杂和陌生些.

为了说清楚四面体的棱切球,有必要先介绍四面体各面将空间划分区域的情况,顺便我们把四面体旁切球的情况也一并介绍.

1 四面体各面对空间区域的划分①

将四面体的四面无限延展,则将空间分为十五个区域,除四面体的内部外,其他十四个区域,称为临面区、临棱区、临顶区. 临面区有四个,临棱区有六个,临顶区有四个. 图 1.1 中表示出了这些区域各一个.

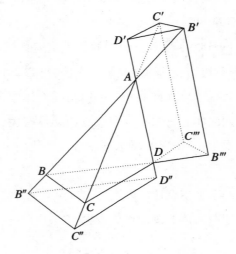

图 1.1

由此我们不难理解,四面体的旁切球有可能不止四个. 事实上,四面体的四个临面区必各有一个旁切球(与一个面相切、与另外三个侧面的延长平面相切的球),三双对棱的临棱区至多有三个旁切球(与四个侧面的延长平面都相切的球),临顶区显然没有旁切球. 可见,四面体的旁切球可能有四个、五个、六个、七个.

2 四面体的内棱切球与外棱切球

习惯认为,四面体的棱切球可分为内棱切球与外棱切球.

---

① 朱德祥. 初等数学复习及研究(立体几何)[M]. 北京:人民教育出版社,1979:129.

定义 1.1① 与四面体各棱都相切的球,且各侧面与球的截线在该侧面的三角形内,称为四面体的内棱切球(在不引起混淆时可简称为棱切球).

定义 1.2 与四面体各棱或其所在直线都相切的球,且至少有一侧面与球的截线在该侧面的三角形外,称为四面体的外棱切球.

四面体存在内棱切球的充要条件是:

命题 1.1②③ 四面体存在内棱切球的充要条件是其三组对棱之和相等.

四面体在临棱区、临顶区不存在外棱切球. 四面体在临面区可能存在外棱切球,其充要条件是其三组对棱之差相等. 即:

命题 1.2④ 四面体 $ABCD$ 在平面 BCD 的临面区存在外棱切球的充要条件是

$$AB - CD = AC - BD = AD - BC$$

上述命题容易用切线长定理加以证明.

关于棱切球的个数问题有如下结论:

命题 1.3③ 四面体有且只有一个内棱切球.

命题 1.4 在四面体的临棱区以及临顶区均不存在外棱切球;临面区有可能存在外棱切球. 如果四面体存在外棱切球,那么外棱切球或者只有唯一一个,或者有四个;如果存在四个外棱切球,那么该四面体是等面四面体(三组对棱分别相等).

外棱切球不是本节讨论的重点,命题 1.4 的证明略.

3 四面体的侧棱切球

由于四面体外棱切球的定义(定义 1.2)要求"苛刻"(与四面体的各棱均相切),因此在四面体的临棱区、临顶区都不存在外棱切球,而临面区的外棱切球也只有特殊四面体存在(其中多数情形只有 1 个外棱切球),这就致使与三角形旁切圆有关的众多优美性质(包括奈格尔点)难于引申推广至四面体.

因此,我们有必要将四面体的棱切球概念加以拓广. 下面的四面体的"侧棱切球"的概念就不再要求"与四面体的所有棱相切"(参见图 1.2).

① 杨之.初等数学研究的问题与课题[M].长沙:湖南教育出版社,1993:132.
② 朱德祥.初等数学复习及研究(立体几何)[M].北京:人民教育出版社,1979:129.
③ 贺斌.四面体存在棱切球的一个充要条件[J].中学数学月刊,1998(3):46.
④ 曾建国.四面体的侧棱切球与奈格尔(Nagel)点[J].中学数学教学,2010(4):58 – 60.

定义 1.3[①]　在四面体 $A_1A_2A_3A_4$ 的棱 A_3A_4 的临棱区的球 O，与四面体除了棱 A_3A_4 的对棱 A_1A_2 外的其余 5 条棱均相切（与棱 A_3A_4 相切、与其他 4 棱的延长线相切），则球 O 称为四面体 $A_1A_2A_3A_4$ 的棱 A_3A_4 的临棱区的侧棱切球（简称为与棱 A_3A_4 对应的侧棱切球）.

如图 1.2，若与棱 A_3A_4 对应的侧棱切球存在，根据棱 A_3A_4 上切点的唯一性显然可知，此侧棱切球面与侧面 $A_1A_3A_4$ 及 $A_2A_3A_4$ 的截线分别是 $\triangle A_1A_3A_4$ 及 $\triangle A_2A_3A_4$ 的旁切圆.

下面推导四面体存在侧棱切球的充要条件.

定理 1.1[①]　在四面体 $A_1A_2A_3A_4$ 的棱 A_3A_4 的临棱区存在侧棱切球的充要条件是

$$A_1A_4 + A_2A_3 = A_1A_3 + A_2A_4$$

证明：如图 1.2，记四面体 $A_1A_2A_3A_4$ 的侧棱长为 $A_iA_j = a_{ij}(1 \leqslant i < j \leqslant 4)$.

（ⅰ）必要性.

依题设，在四面体 $A_1A_2A_3A_4$ 的棱 A_3A_4 的临棱区存在侧棱切球 O. 设球 O 与 $A_3A_4, A_1A_3, A_1A_4, A_2A_3, A_2A_4$ 分别相切于点 $M_{34}, M_{13}, M_{14}, M_{23}, M_{24}$. 根据切线长定理，可设 $A_3M_{13} = A_3M_{23} = A_3M_{34} = p, A_4M_{14} = A_4M_{24} = A_4M_{34} = q$.

又因为 M_{23}, M_{24}, M_{34} 是球 O 与侧面 $A_2A_3A_4$ 的截线，即 $\triangle A_2A_3A_4$ 的旁切圆分别与边 A_2A_3, A_2A_4, A_3A_4 的切点，所以 $A_2M_{23} = A_2M_{24}$，即

$$a_{23} + p = a_{24} + q \tag{1.1}$$

同理有

$$a_{13} + p = a_{14} + q \tag{1.2}$$

由 (1.1)，(1.2) 两式可得 $a_{14} + a_{23} = a_{13} + a_{24}$.

（ⅱ）充分性.

在四面体 $A_1A_2A_3A_4$ 中，若有 $a_{14} + a_{23} = a_{13} + a_{24}$，则可以证明 $\triangle A_2A_3A_4$ 和 $\triangle A_1A_3A_4$ 分别与 A_3A_4 相切的旁切圆与棱 A_3A_4 切于同一点.

事实上，假设 $\triangle A_2A_3A_4$，$\triangle A_1A_3A_4$ 的旁切圆与棱 A_3A_4 的切点分别为 M_{34}，M'_{34}，与其他各棱的切点与前文相同（图 1.2）. 设 $A_3M_{23} = A_3M_{34} = p, A_4M_{24} =$

————————————
①　曾建国. 四面体的侧棱切球与奈格尔（Nagel）点[J]. 中学数学教学,2010(4):58 – 60.

$A_4M_{34} = q, A_3M_{13} = A_3M'_{34} = p', A_4M_{14} = A_4M'_{34} = q'.$

则与必要性中的推导类似,可得 $a_{23} + p = a_{24} + q, a_{13} + p' = a_{14} + q'.$

注意到 $a_{14} + a_{23} = a_{13} + a_{24}$,于是有

$$p - q = p' - q' \tag{1.3}$$

又显然有

$$p + q = p' + q' \tag{1.4}$$

根据(1.3),(1.4)两式就得 $p = p', q = q'$.

表明 $\triangle A_2A_3A_4$, $\triangle A_1A_3A_4$ 分别与 A_3A_4 相切的旁切圆与棱 A_3A_4 切于同一点 M_{34}.

如图 1.2,设这两个旁切圆的圆心分别为 E, F,则 $A_3A_4 \perp$ 平面 EFM_{34}.

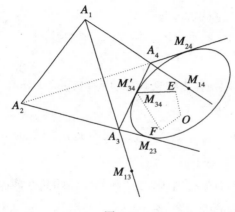

图 1.2

在平面 EFM_{34} 内分别作 $EO \perp EM_{34}, FO \perp FM_{34}, EO$ 与 FO 相交于 O.

易知 $EO \perp$ 平面 $A_2A_3A_4$, $FO \perp$ 平面 $A_1A_3A_4$,进而可知点 O 到 5 条棱 A_3A_4, $A_1A_3, A_1A_4, A_2A_3, A_2A_4$ 的距离相等. 因此,以 O 为球心、OM_{34} 为半径的球就是与棱 A_3A_4 对应的侧棱切球. 证毕.

在定理 1.1 的充分性的证明过程中,由三角形旁切圆的唯一性可知,E, F 唯一确定,进而可知点 O 是唯一确定的,从而该侧棱切球也是唯一确定的. 即有:

推论 1.1 若四面体 $A_1A_2A_3A_4$ 的棱 A_3A_4 的临棱区存在侧棱切球,则侧棱切球是唯一的.

根据定理 1.1 显然可得下面推论.

推论 1.2[①] 四面体存在六个侧棱切球的充要条件是:四面体的三组对棱之和相等.

综合命题 1.1 和推论 1.2,就得:

推论 1.3 若四面体的三组对棱之和相等,则该四面体有 1 个内棱切球和六个侧棱切球.

5.2 四面体的内棱切球与葛尔刚点

有了四面体的内棱切球(在本节若不引起混淆则简称为四面体的棱切球)的概念,我们就可以将三角形葛尔刚点的性质类比推广至四面体了.

命题 2.1[②] 过三角形的顶点和内切圆与对边切点的直线交于一点(葛尔刚点).

将命题 2.1 引申推广至有内棱切球的四面体中,可得四面体的葛尔刚点的概念与性质.

定理 2.1[③] 若四面体有内棱切球,则过每一条侧棱与内棱切球的切点及对棱作平面,6 个平面交于一点.

定义 2.1 称定理 2.1 中这六个平面的交点为四面体的葛尔刚点.

为证明定理 2.1,我们需用到下面引理.

引理 2.1 设四面体有内棱切球,则四面体的侧面截内棱切球所得的截面圆是这个侧面三角形的内切圆,截面圆与侧棱的切点就是内棱切球与该侧棱的切点(图 2.1).

根据棱切球与侧棱切点的唯一性易知引理 2.1 成立.

根据命题 2.1 和引理 2.1,以及四面体 6 点共面的充分必要条件(2.2 节中定理 2.1、定理 2.2)可以证明定理 2.1.

定理 2.1 的证明:设四面体 $A_1A_2A_3A_4$ 的内棱切球与侧棱 A_iA_j 切于点 M_{ij} $(1 \leqslant i < j \leqslant 4)$,须证明 6 个平面 $A_1A_2M_{34}$,$A_1A_3M_{24}$,$A_1A_4M_{23}$,$A_2A_3M_{14}$,$A_2A_4M_{13}$,$A_3A_4M_{12}$ 交于一点 G_e.

---

① 曾建国. 四面体的侧棱切球与奈格尔(Nagel)点[J]. 中学数学教学,2010(4):58 – 60.

② R. A. 约翰逊,著. 单墫,译. 近代欧氏几何学[M]. 上海:上海教育出版社,1999:160.

③ 曾建国. 四面体的约尔刚(Gergonne)点[J]. 数学通讯,2009(12):31 – 32.

如图 2.2,在侧面 Δ_1 中,根据引理 2.1 可知,四面体的侧面 Δ_1 截棱切球所得的截面圆是 Δ_1(即 $\triangle A_2A_3A_4$)的内切圆,M_{34},M_{24},M_{23} 是 $\triangle A_2A_3A_4$ 的内切圆分别与边 A_3A_4,A_2A_4,A_2A_3 的切点. 则由命题 2.1 可知,A_2M_{34},A_3M_{24},A_4M_{23} 交于一点 N_1(Δ_1 的葛尔刚点).

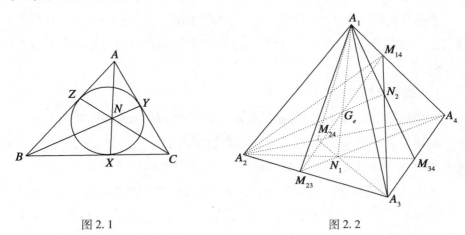

图 2.1   图 2.2

同理可以证明:其余各侧面 Δ_k 上的三条塞瓦线也分别交于该侧面 Δ_k 的葛尔刚点 $N_k(2 \leqslant k \leqslant 4)$. 显然 A_1N_1,A_2N_2,A_3N_3,A_4N_4 互不平行.

根据 2.2 节中定理 2.2 知,6 个平面 $A_1A_2M_{34}$,$A_1A_3M_{24}$,$A_1A_4M_{23}$,$A_2A_3M_{14}$,$A_2A_4M_{13}$,$A_3A_4M_{12}$ 交于一点 G_e. 证毕.

在定理 2.1 中,由 6 个平面 $A_1A_2M_{34}$,$A_1A_3M_{24}$,$A_1A_4M_{23}$,$A_2A_3M_{14}$,$A_2A_4M_{13}$,$A_3A_4M_{12}$ 交于一点 P 显然可得四线 A_1N_1,A_2N_2,A_3N_3,A_4N_4 共点 G_e,即有:

推论 2.1   若四面体有内棱切球,则联结四面体的顶点与其所对侧面三角形的葛尔刚点所得的四条直线交于一点(四面体的葛尔刚点).

5.3   四面体的侧棱切球与奈格尔点

在三角形中,奈格尔点与界心是同一个点. 在 3.2 节中,我们依据"三角形三条周界中线的交点称为三角形的界心"进行类比、引申得到:一般四面体的六个周界中面交于一点,称为四面体的界心(3.2 节定理 2.2).

三角形的奈格尔点(界心)还有另一种定义[①]:

---

①   R. A. 约翰逊,著. 单墫,译. 近代欧氏几何学[M]. 上海:上海教育出版社,1999:160.

命题3.1   连接三角形的顶点和旁切圆与对边切点的直线交于一点(奈格尔点).

由于三角形一条周界中线恰经过三角形旁切圆在对边上的切点,因此三角形的界心与奈格尔点虽然采用两种不同方式来定义,但所描述的是同一点.

本节我们从命题3.1的角度对三角形的奈格尔点进行类比推广,可得四面体的奈格尔点的概念及性质(注意:四面体的奈格尔点与四面体的界心是不同的两点).

1   四面体的奈格尔点

三角形的奈格尔点可以移植至有六个侧棱切球的四面体中,即有:

定理3.1   设四面体(三组对棱之和相等)有六个侧棱切球,则过每一条棱与对应的侧棱切球的切点及其对棱作平面,6个平面交于一点.

证明:设与四面体 $A_1A_2A_3A_4$ 侧棱 A_iA_j 对应的侧棱切球切 A_iA_j 于点 $M_{ij}(1 \leqslant i < j \leqslant 4)$,须证明六个平面 $A_1A_2M_{34}$,$A_1A_3M_{24}$,$A_1A_4M_{23}$,$A_2A_3M_{14}$,$A_2A_4M_{13}$,$A_3A_4M_{12}$ 交于一点.

如图3.1,在侧面 Δ_1(即 $\triangle A_2A_3A_4$)中,根据5.1节定理1.1中充分性的证明可知,M_{34},M_{24},M_{23} 是 $\triangle A_2A_3A_4$ 的三个旁切圆分别与边 A_3A_4,A_2A_4,A_2A_3 的切点.则由命题3.1可知,A_2M_{34},A_3M_{24},A_4M_{23} 交于一点 N_1(Δ_1 的奈格尔点).

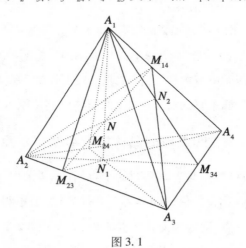

图 3.1

同理可以证明,其余各侧面 Δ_k 上类似的三条塞瓦线均分别交于 Δ_k 的奈格尔点 $N_k(2 \leqslant k \leqslant 4)$,显然 A_1N_1,A_2N_2,A_3N_3,A_4N_4 互不平行.

根据 2.1 节中定理 1.2 知，六个平面 $A_1A_2M_{34}$，$A_1A_3M_{24}$，$A_1A_4M_{23}$，$A_2A_3M_{14}$，$A_2A_4M_{13}$，$A_3A_4M_{12}$ 交于一点 N. 定理 3.1 获证.

在定理 3.1 中，由六个平面 $A_1A_2M_{34}$，$A_1A_3M_{24}$，$A_1A_4M_{23}$，$A_2A_3M_{14}$，$A_2A_4M_{13}$，$A_3A_4M_{12}$ 交于一点 N 显然可得四线 A_1N_1，A_2N_2，A_3N_3，A_4N_4 交于一点 N，即有：

推论 3.1　若四面体的三组对棱之和相等，则联结四面体的顶点与其所对侧面三角形的奈格尔点所得的四条直线交于一点 N.

我们不妨将定理 3.1 及推论 3.1 中的交点 N 称为三组对棱之和相等的四面体 $A_1A_2A_3A_4$ 的奈格尔点. 即：

定义 3.1　若四面体 $A_1A_2A_3A_4$ 的三组对棱之和相等，则称定理 3.1 中六面的交点(也即推论 3.1 中 4 条直线的交点)N 为四面体 $A_1A_2A_3A_4$ 的奈格尔点.

2　四面体的奈格尔点、界心、葛尔刚点之间的关系

(1)四面体的奈格尔点与界心

三角形的界心与奈格尔点是同一个点，我们已经分别从两个不同角度对它进行了类比推广，得到四面体的界心与四面体的奈格尔点. 对于同一四面体，它们是否也是同一点呢？

答案显然是否定的.

因为一般四面体都存在唯一的界心(六个周界中面的交点)，但不一定有奈格尔点. 即便是三组对棱之和相等的四面体，其奈格尔点与界心也未必是同一点(它们重合为同一点的条件是值得研究的一个问题).

因此，四面体的界心与四面体的奈格尔点是两个完全不同的概念，不可混淆.

(2)四面体的奈格尔点与葛尔刚点

先看三角形中奈格尔点与葛尔刚点的关系.

根据切线长定理很容易证明：三角形的一条边与内切圆、旁切圆的两个切点是这条边上的等距共轭点(4.1 节定义 1.1)，因此(根据 4.2 节命题 2.1)有：

命题 3.2[①]　三角形的奈格尔点与葛尔刚点是这个三角形的等距共轭点.

有趣的是，按本章类比推广所得四面体的奈格尔点与葛尔刚点也是四面体

---

① 　R. A. 约翰逊，著. 单墫，译. 近代欧氏几何学[M]. 上海：上海教育出版社，1999：160.

的一对等距共轭点. 即有:

定理 3.2   若四面体的三组对棱之和相等,则四面体的奈格尔点与葛尔刚点是这个四面体的等距共轭点.

证明:如图 3.1,考察四面体 $A_1A_2A_3A_4$ 的一个侧面 Δ_1(即 $\triangle A_2A_3A_4$).

根据定理 2.1 和定理 3.1 中的证明过程可知,$\triangle A_2A_3A_4$ 的每一条边分别与内棱切球及对应这边(棱)的侧棱切球的切点就是 $\triangle A_2A_3A_4$ 的内切圆及旁切圆分别与这边的切点. 因此它们是此边(棱)上的等距共轭点(4.1 节定义 1.2),四面体其余各棱上情形也都如此. 根据四面体的等距共轭点性质(4.2 节定理 2.2)即知,四面体的葛尔刚点 G_e 与奈格尔点 N 是四面体 $A_1A_2A_3A_4$ 的等距共轭点. 证毕.

我们发现,按本节推广得到的四面体的奈格尔点完美地承袭了三角形奈格尔点的许多性质,所以这是一种很"合理"的类比推广.

3   一般四面体的奈格尔点(伪界心)与斯俾克球心(界心)

按照定义 3.1 知,一般四面体不一定存在定义 3.1 所描述的奈格尔点. 那么,奈格尔点概念是否可以推广至一般四面体中呢?

如果要将奈格尔点概念引申至一般四面体中,那么就必须突破定义 3.1 的限制. 下面简单介绍熊曾润教授在这方面所做的研究工作.

(1)四面体的伪界心(一般四面体的奈格尔点)与斯俾克球心

2009 年,熊曾润教授建立了一般四面体的奈格尔点及斯俾克球面的概念[①].

需要特别说明的是,为了与本节定义 3.1 所描述四面体的奈格尔点(一般用符号 N 表示)加以区分,我们将熊曾润论文中的"一般四面体的奈格尔点"改称为四面体的"伪界心",一般用符号 N_a 表示.

我们知道,三角形的奈格尔点有一个类似于欧拉线(3.1 节定理 1.2)的共线点性质:

命题 3.3[②]   三角形的内心 I、重心 G、奈格尔点 N 共线,且 $IG:GN = 1:2$.

---

① 熊曾润.四面体的奈格尔点与斯俾克球面[C] // 第七届全国初等数学研究学术交流会论文集,2009,8.

② R. A. 约翰逊,著. 单墫,译. 近代欧氏几何学[M]. 上海:上海教育出版社,1999:198.

熊曾润教授正是从这个角度进行类比,将奈格尔点概念引申至一般四面体中,并得到四面体中类似于命题 3.3 的共线点性质.

定义 3.2[1] 设四面体 $A_1A_2A_3A_4$ 的内切球的球心为 I、半径为 r.

（i）若点 N_a 满足

$$\overrightarrow{IN_a} = \sum_{i=1}^{4} \overrightarrow{IA_i} \tag{3.1}$$

则称 N_a 为四面体 $A_1A_2A_3A_4$ 的伪界心.

（ii）若点 S 满足等式

$$\overrightarrow{IS} = \frac{1}{2} \sum_{i=1}^{4} \overrightarrow{IA_i} \tag{3.2}$$

则以 S 为球心、$\frac{r}{2}$ 为半径的球面称为四面体 $A_1A_2A_3A_4$ 的斯俾克球面.

我们知道,四面体重心 G 满足[1]

$$\overrightarrow{IG} = \frac{1}{4} \sum_{i=1}^{4} \overrightarrow{IA_i} \tag{3.3}$$

综合式(3.1),(3.2),(3.3)显然可得:

定理 3.3[2] 四面体的内心 I、重心 G、斯俾克球心 S、伪界心 N_a 四点共线,且 $IG : GS : SN_a = 2 : 1 : 3$.

根据定义 3.2,熊曾润先生得到了一般四面体的伪界心的其他许多优美性质,其中还涉及一些共球点性质[2].本书将在第 9 章中另做介绍,本节不再赘述.

（2）四面体的伪界心与斯俾克球心的性质

四面体的伪界心(定义 3.2(1))与本节建立的三组对棱之和相等的四面体奈格尔点(定义 3.1)、斯俾克球心及其他诸心之间有怎样的位置关系?这是值得进一步研究的问题.

根据邓胜老师的研究结论,有:

命题 3.4[3] 四面体 $A_1A_2A_3A_4$ 的内心 I、重心 G、界心 N 三点共线,且 $OG : GN = 1 : 1$.

---

① 沈康身.数学的魅力(一)[M].上海:上海辞书出版社,2004:267 - 268.
② 熊曾润.四面体的奈格尔点与斯俾克球面[C] // 第七届全国初等数学研究学术交流会论文集,2009.8.
③ 邓胜.四面体的界点、界心及其坐标公式[J].中学数学,2002(11):44 - 46.

由定理 3.3 知 $OS:SN=1:1$,对照命题 3.4 后我们发现:按定义 3.2 定义的一般四面体的斯俾克球心 S 与界心 N 是同一点(今后统一用 S 表示). 于是我们得到:

定理 3.4   四面体 $A_1A_2A_3A_4$ 的内心为 I,界心为 S,则

$$\overrightarrow{IS} = \frac{1}{2} \sum_{i=1}^{4} \overrightarrow{IA_i} \tag{3.4}$$

上述这一情形(四面体的斯俾克球心与界心是同一点)类似于垂心四面体中欧拉球心(3.1 节定义 1.5)与垂心是同一点.

下面对四面体上述诸心的位置关系做一个总结:

(ⅰ)任一给定的四面体必有唯一的界心(六个周界中面的交点),它与斯俾克球心 S 合同;

(ⅱ)对于三组对棱之和相等的四面体必有唯一的奈格尔点 N(本节定义 3.1),它不同于斯俾克球心(界心)S. 奈格尔点与葛尔刚点是四面体的等距共轭点;

(ⅲ)一般四面体的伪界心(存在且唯一)是指定义 3.2(ⅰ)中满足式(3.1)的点 N_a,它与四面体的内心 I 关于斯俾克球心(界心)S 对称.

最后列举四面体的界心 S 的两个性质(即是斯俾克球心的性质)作为第 3 章 3.2 节的补充.

定理 3.5   设四面体 $A_1A_2A_3A_4$ 的内心为 I,界心为 S,则

$$\sum_{i=1}^{4} SA_i^2 = \sum_{i=1}^{4} IA_i^2 \tag{3.5}$$

证明

$$\sum_{i=1}^{4} SA_i^2 = \sum_{i=1}^{4} \overrightarrow{SA_i}^2 = \sum_{i=1}^{4} (\overrightarrow{IA_i} - \overrightarrow{IS})^2$$

$$= \sum_{i=1}^{4} IA_i^2 - 2\overrightarrow{IS} \cdot \sum_{j=1}^{4} \overrightarrow{IA_j} + 4IS^2$$

根据定理 3.4 的式(3.4)知 $\sum_{j=1}^{4} \overrightarrow{IA_j} = 2\overrightarrow{IS}$,代入上式就得 $\sum_{i=1}^{4} SA_i^2 = \sum_{i=1}^{4} IA_i^2$. 证毕.

定理 3.6   设四面体 $A_1A_2A_3A_4$ 的内心为 I,界心为 S,则

$$IS^2 = \sum_{i=1}^{4} IA_i^2 - \frac{1}{4} \sum_{1 \leqslant i < j \leqslant 4} A_i A_j^2 \qquad (3.6)$$

证明:根据式(3.4)得 $4IS^2 = (\sum_{i=1}^{4} \overrightarrow{IA_i})^2 = \sum_{i=1}^{4} IA_i^2 + 2 \sum_{1 \leqslant i < j \leqslant 4} \overrightarrow{IA_i} \cdot \overrightarrow{IA_j}$.

又因为

$$\sum_{1 \leqslant i < j \leqslant 4} A_i A_j^2 = \sum_{i=1}^{4} (\overrightarrow{IA_i} - \overrightarrow{IA_j})^2 = 3 \sum_{i=1}^{4} IA_i^2 - 2 \sum_{1 \leqslant i < j \leqslant 4} \overrightarrow{IA_i} \cdot \overrightarrow{IA_j}$$

上边两式相加就得 $4IS^2 = 4 \sum_{i=1}^{4} IA_i^2 - \sum_{1 \leqslant i < j \leqslant 4} A_i A_j^2$. 表明式(3.6)成立. 证毕.

71

第6章　四面体中其他共点、共面性质

在三角形中,还有其他一些共点、共线的性质.尽管这些点和线不像前面各章节所列举的点、线那么知名,但这些结论在四面体中的引申推广同样具有理论意义和实用价值.本章就介绍三角形中零散的一些共点线、共线点命题在四面体中的引申推广.

6.1　四面体葛尔刚点的一种推广

三角形葛尔刚点的性质是(图1.1):

命题 1.1　过三角形的顶点和内切圆与对边切点的直线,三线交于一点.

三角形另有一个性质(参见图1.2).

命题 1.2①　一圆与 $\triangle ABC$ 的边 BC,CA,AB 所在直线分别交于两点 X 与 X',Y 与 Y',Z 与 Z',若 AX,BY,CZ 三线共点,则 AX',BY',CZ' 三线共点或互相平行.

命题 1.1 与命题 1.2 有密切的联系:命题 1.2 中当圆与 $\triangle ABC$ 各边上两个交点重合为一点(即图1.2中的圆变成 $\triangle ABC$ 的内切圆)时,结论就变成命题1.1.因此,命题1.1是命题1.2的特例,命题1.2可以看作命题1.1的一种推广.

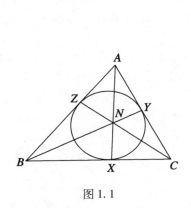

图 1.1

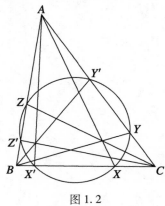

图 1.2

事实上,命题1.2可以改述为下面更一般的命题(只需将命题1.2中两组直线 AX,BY,CZ 与 AX',BY',CZ' 交换顺序就可知结论成立).

---

① 赵振威.中学数学教材教法(修订版)第三分册:初等几何研究[M].上海:华东师范大学出版社,2005:50.

命题 1.2′   一圆与 $\triangle ABC$ 的边 BC,CA,AB 所在直线分别交于两点 X 与 X',Y 与 Y',Z 与 Z',若 AX,BY,CZ 三线共点或互相平行,则 AX',BY',CZ' 三线共点或互相平行.

在第 5 章 5.2 节中我们已将三角形的葛尔刚点的性质(命题 1.1)移植推广至四面体中,即有(5.2 节定理 2.1):

命题 1.3   若四面体有内棱切球,则过每一条侧棱与内棱切球的切点及对棱作平面,6 个平面交于一点(葛尔刚点).

既然命题 1.1 可以移植推广至四面体中,那么命题 1.2 是否也可以移植推广至四面体中?答案是肯定的. 我们有下面的定理.

定理 1.1[①]   在四面体 $A_1A_2A_3A_4$ 中,设侧棱 A_iA_j 所在直线与一球面(非外接球面)交于两点 B_{ij},B'_{ij},分别过 B_{ij},B'_{ij} 与 A_iA_j 的对棱作平面 $\pi_{ij},\pi'_{ij}(1 \leqslant i < j \leqslant 4)$,若六个平面 $\pi_{ij}(1 \leqslant i < j \leqslant 4)$ 交于一点,则 6 个平面 $\pi'_{ij}(1 \leqslant i < j \leqslant 4)$ 也交于一点.

证明:我们仍应用 2.1 节中四面体六面共点的充分条件来证明.

因题设中的球面非四面体外接球面,故诸点 B_{ij},B'_{ij} 均非四面体顶点. 设六个平面 $\pi_{ij}(1 \leqslant i < j \leqslant 4)$ 交于一点 M,则 M 也非四面体顶点. 根据 2.1 节定理 1.1 可知,在每个侧面 Δ_k 上由 B_{ij} 形成的三条塞瓦线都分别交于一点 $M_k(1 \leqslant k \leqslant 4)$ 或互相平行.

以侧面 Δ_1 为例. 如图 1.3 所示,显而易见,侧面 Δ_1(即 $A_2A_3A_4$)截球面所得的截面圆与直线 A_3A_4,A_2A_4,A_2A_3 的交点分别就是球面与此三直线的交点:B_{34},$B'_{34};B_{24},B'_{24};B_{23},B'_{23}$. 即有直线 $A_2B_{34},A_3B_{24},A_4B_{23}$ 交于一点 M_1 或互相平行.

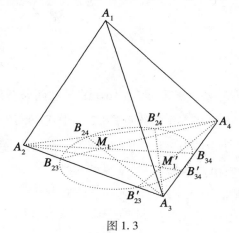

图 1.3

①   曾建国. 三角形一个性质在四面体中的推广[J]. 数学通报,2017(10):60 - 62.

根据命题 1.2′ 可知,$A_2B'_{34},A_3B'_{24},A_4B'_{23}$ 也交于一点 M'_1 或互相平行.

同理可证,其余各侧面 Δ_k 上由 B'_{ij} 形成的三条塞瓦线都交于一点 M'_k($2 \leqslant k \leqslant 4$)或互相平行.

根据 2.1 节定理 1.2 知,六个平面 π'_{ij}($1 \leqslant i < j \leqslant 4$)交于一点.定理 1.1 获证.

在定理 1.1 中,当球面恰为四面体的内棱切球面时,各棱上两切点重合为一点,平面 π_{ij} 与 π'_{ij} 重合,六个平面的交点就变成四面体的葛尔刚点.可见定理 1.1 是命题 1.3 的推广.

6.2 由三角形共线点命题导出的四面体的共面点定理[①]

三角形中有两个共线点命题[②]:

命题 2.1 过一点 O 对直线 OA,OB,OC 作垂线,与 $\triangle ABC$ 的对边交于三个共线点(图 2.1).

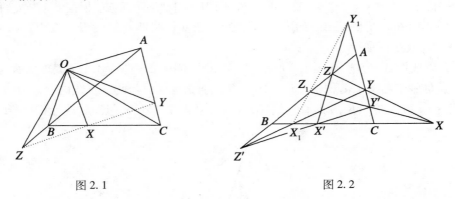

图 2.1　　　　　　　　　　图 2.2

命题 2.2 如果 $XYZ,X'Y'Z'$ 是 $\triangle ABC$ 的任意两条截线,那么直线 YZ',ZX',XY' 与 BC,CA,AB 交于三个共线点(图 2.2 中 X_1,Y_1,Z_1 共线).

本节将这两个性质引申至三维空间,证明关于四面体的两个共面点定理.

1　命题 2.1 的引申及证明

命题 2.1 可引申推广为:

---

①　曾建国.三角形两个性质在四面体中的引申[J].数学通报,2018(11):62 - 63.

②　罗伯特·拉克兰,著,赵勇,译.近世纯粹几何学初论[M].哈尔滨工业大学出版社,2017:54 - 55.

定理2.1 过四面体 $ABCD$ 的棱 CD,DA,AB,BC 作与已知平面 π 垂直的平面 π_1,π_2,π_3,π_4,分别与对棱 AB,BC,CD,DA 交于点 X,Y,Z,W,则 X,Y,Z,W 四点共面.

证明:如图 2.3,依题设,过 CD 与平面 π 垂直的平面 π_1 交 AB 于 X,过 AB 与平面 π 垂直的平面 π_3 交 CD 于 Z,则有 $X \in$ 平面 π_1,而 $Z \in CD \subset$ 平面 π_1,表明直线 $XZ \subset$ 平面 π_1;又 $Z \in$ 平面 π_3,而 $X \in AB \subset$ 平面 π_3,表明直线 $XZ \subset$ 平面 π_3,由此可知直线 XZ 是平面 π_1 与 π_3 的交线,注意到平面 π_1 与 π_3 均与平面 π 垂直,因此 $XZ \perp$ 平面 π.

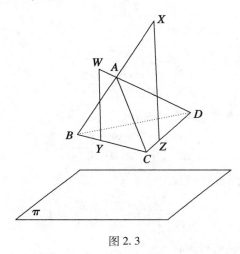

图 2.3

同理可证,WY 是平面 π_2 与 π_4 的交线,且 $WY \perp$ 平面 π.因此有 $XZ \parallel WY$,故此 X,Y,Z,W 四点共面. 证毕.

其实还有多种方式将命题 2.1 引申至三维空间,定理 2.1 只是选择了其中一种方式进行引申. 有兴趣的读者可以尝试其他方式对它进行引申推广,或许还能得到其他有趣的结论.

2 命题 2.2 的引申及证明

命题 2.2 可引申推广为:

定理2.2 在四面体 $ABCD$ 中,作两个平面 π,π' 分别与 AB,BC,CD,DA 交于点 X,Y,Z,W 和点 X',Y',Z',W',设平面 YZW' 交 AB 于 X_1,平面 ZWX' 交 BC 于 Y_1,平面 WXY' 交 CD 于 Z_1,平面 XYZ' 交 DA 于 W_1,则 X_1,Y_1,Z_1,W_1 四点共面.

证明:如图 2.4,根据四面体梅涅劳斯定理(1.1 节定理 1.2)的必要性,由

X,Y,Z,W 四点共面知

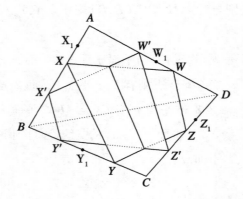

图 2.4

$$\frac{AX}{XB} \cdot \frac{BY}{YC} \cdot \frac{CZ}{ZD} \cdot \frac{DW}{WA} = 1 \tag{2.1}$$

同理,由 X',Y',Z',W' 四点共面有

$$\frac{AX'}{X'B} \cdot \frac{BY'}{Y'C} \cdot \frac{CZ'}{Z'D} \cdot \frac{DW'}{W'A} = 1 \tag{2.2}$$

由 X_1,Y,Z,W' 四点共面有

$$\frac{AX_1}{X_1B} \cdot \frac{BY}{YC} \cdot \frac{CZ}{ZD} \cdot \frac{DW'}{W'A} = 1 \tag{2.3}$$

由 X',Y_1,Z,W 四点共面有

$$\frac{AX'}{X'B} \cdot \frac{BY_1}{Y_1C} \cdot \frac{CZ}{ZD} \cdot \frac{DW}{WA} = 1 \tag{2.4}$$

由 X,Y',Z_1,W 四点共面有

$$\frac{AX}{XB} \cdot \frac{BY'}{Y'C} \cdot \frac{CZ_1}{Z_1D} \cdot \frac{DW}{WA} = 1 \tag{2.5}$$

由 X,Y,Z',W_1 四点共面有

$$\frac{AX}{XB} \cdot \frac{BY}{YC} \cdot \frac{CZ'}{Z'D} \cdot \frac{DW_1}{W_1A} = 1 \tag{2.6}$$

将(2.3)~(2.6)四式两边分别相乘,并注意到式(2.1),(2.2)就得

$$\frac{AX_1}{X_1B} \cdot \frac{BY_1}{Y_1C} \cdot \frac{CZ_1}{Z_1D} \cdot \frac{DW_1}{W_1A} = 1$$

根据四面体梅涅劳斯定理(1.1节定理1.2)的充分性知 X_1,Y_1,Z_1,W_1 四点

共面. 证毕.

6.3　三角形两个相关命题在四面体中的引申推广①

1　三角形中的两个相关命题

三角形中有下面的共点线命题(图 3.1):

命题 3.1②　设 X,Y,Z 分别是 $\triangle ABC$ 的边 BC,CA,AB 所在直线上一点,且 AX,BY,CZ 交于一点,作 $XY' \parallel AB$ 交 CA 于 Y',$YZ' \parallel BC$ 交 AB 于 Z',$ZX' \parallel CA$ 交 BC 于 X',则 AX',BY',CZ' 也交于一点.

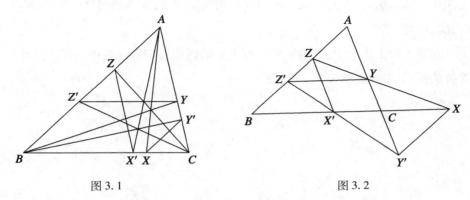

图 3.1　　　　　　　　　　　图 3.2

与命题 3.1 类似,我们可以得到下面的共线点命题(图 3.2).

命题 3.2　一直线与 $\triangle ABC$ 的边 BC,CA,AB 所在直线分别交于点 X,Y,Z,作 $XY' \parallel AB$ 交 CA 于 Y',$YZ' \parallel BC$ 交 AB 于 Z',$ZX' \parallel CA$ 交 BC 于 X',则 X',Y',Z' 共线.

略证:由题设条件及三角形梅涅劳斯定理可得 $\dfrac{BX'}{X'C} \cdot \dfrac{CY'}{Y'A} \cdot \dfrac{AZ'}{Z'B} = \dfrac{BZ}{ZA} \cdot \dfrac{CX}{XB} \cdot$

$\dfrac{AY}{YC} = 1$,根据三角形梅涅劳斯定理的逆定理知 X',Y',Z' 共线.

本节拟将命题 3.1 和命题 3.2 引申推广至三维空间,证明有关空间四边形的共点面、共面点命题.

2　关于空间四边形的共面、共点命题

将命题 3.1 与命题 3.2 引申推广至空间四边形(四面体),就有(图 3.3):

---

①　曾建国. 三角形两个命题的空间引申[J]. 中学数学教学,2021(4):70 - 72.

②　R. A. 约翰逊,著,单墫,译. 近代欧氏几何学[M]. 上海:上海教育出版社,1999:136 - 137.

定理 3.1 设 B_1,B_2,B_3,B_4 是空间四边形 $A_1A_2A_3A_4$ 的边 A_1A_2,A_2A_3,A_3A_4,A_4A_1 上一点,且四个平面 $A_1A_2B_3,A_2A_3B_4,A_3A_4B_1,A_4A_1B_2$ 交于一点. 作 B_1C_2 // A_1A_3 交 A_2A_3 于 C_2,B_2C_3 // A_2A_4 交 A_3A_4 于 C_3,B_3C_4 // A_1A_3 交 A_4A_1 于 C_4,B_4C_1 // A_2A_4 交 A_1A_2 于 C_1,则四个平面 $A_1A_2C_3,A_2A_3C_4,A_3A_4C_1,A_4A_1C_2$ 也交于一点.

定理 3.2 设平面 π 与空间四边形 $A_1A_2A_3A_4$ 的边 $A_1A_2,A_2A_3,A_3A_4,A_4A_1$ 或其延长线分别交于点 B_1,B_2,B_3,B_4,作 B_1C_2 // A_1A_3 交 A_2A_3 于 C_2,B_2C_3 // A_2A_4 交 A_3A_4 于 C_3,B_3C_4 // A_1A_3 交 A_4A_1 于 C_4,B_4C_1 // A_2A_4 交 A_1A_2 于 C_1,则四点 C_1,C_2,C_3,C_4 共面.

在第 1 章 1.3 节中,我们证明了有关空间四边形中四点共面与四面共点的等价关系(1.3 节定理 3.3),即(图 3.4):

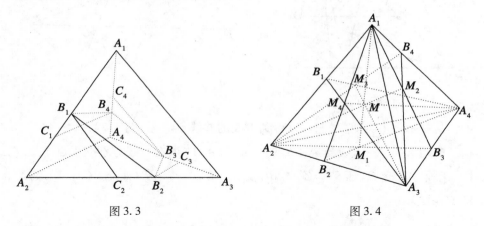

图 3.3   图 3.4

引理 3.1 设 B_1,B_2,B_3,B_4 为空间四边形 $A_1A_2A_3A_4$ 的边 A_1A_2,A_2A_3,A_3A_4,A_4A_1 上一点,则四个平面 $A_1A_2B_3,A_2A_3B_4,A_3A_4B_1,A_4A_1B_2$ 交于一点的充要条件是四点 B_1,B_2,B_3,B_4 共面.

根据引理 3.1 可知,定理 3.1 与定理 3.2(当所述四点 B_1,B_2,B_3,B_4 分别是空间四边形 $A_1A_2A_3A_4$ 的边上一点时)是等价命题,故此我们只需先证明定理 3.2,然后即可轻松推得定理 3.1.

定理 3.2 的证明:依题设,B_1,B_2,B_3,B_4 四点共面(图 3.3),由四面体梅涅劳斯定理(1.1 节定理 1.2)的必要性知 $\dfrac{A_1B_1}{B_1A_2} \cdot \dfrac{A_2B_2}{B_2A_3} \cdot \dfrac{A_3B_3}{B_3A_4} \cdot \dfrac{A_4B_4}{B_4A_1} = 1$. 结合题设

所作平行线的条件可得

$$\frac{A_1C_1}{C_1A_2} \cdot \frac{A_2C_2}{C_2A_3} \cdot \frac{A_3C_3}{C_3A_4} \cdot \frac{A_4C_4}{C_4A_1} = \frac{A_1B_4}{B_4A_4} \cdot \frac{A_2B_1}{B_1A_1} \cdot \frac{A_3B_2}{B_2A_2} \cdot \frac{A_4B_3}{B_3A_3} = 1$$

由四面体梅涅劳斯定理(1.1 节定理 1.2)的充分性知,四点 C_1,C_2,C_3,C_4 共面. 证毕.

根据定理 3.2(当所述四点 B_1,B_2,B_3,B_4 分别是空间四边形 $A_1A_2A_3A_4$ 的边上一点时)及引理 3.1 就知定理 3.1 为真.

6.4　由四面体笛沙格定理导出的共点、共面定理[①]

1　笛沙格定理的推广

早在公元 3 世纪,希腊数学家帕普斯(Pappus)就发现了下面的定理:[②]

定理 4.1(笛沙格定理)　两个三角形 $\triangle ABC$ 与 $\triangle A'B'C'$ 三双对应顶点连线 AA',BB',CC' 共点,则三双对应边交点 P,Q,R 共线. 反之也成立.

17 世纪,法国数学家笛沙格又重新发现了上述定理(含平面和空间的情形). 法国数学家庞斯莱(Poncelet,1788—1867)于 1822 年将三角形笛沙格定理拓广至四面体中[②].

定理 4.2　如果两个四面体的对应顶点连线,四线共点,那么对应的面两两相交,四线共面. 反之也成立.

国内研究者已将笛沙格定理进一步推广至 3 维射影空间 P^3(因此对于欧氏空间 E^3 结论显然也成立)中,得到了下面的定理,其内涵更加丰富[③④⑤⑥].

定理 4.3(四面体笛沙格定理)　在 P^3 中,下列四条性质等价:

(ⅰ)两四面体的对应顶点连线共点;

(ⅱ)两四面体的对应面交线共面;

①　曾建国. 基于德萨格定理的四面体的一组性质[J]. 赣南师范大学学报(自然科学版),2019(6):14 – 15.

②　沈康身. 数学的魅力(一)[M]. 上海:上海辞书出版社,2004:138 – 139;273 – 274.

③　姜树民. Desargues 定理的一个推广[J]. 吉林师范大学学报(自然科学版),1987(2):37 – 40.

④　黄乾辉. Desargues 定理的推广[J]. 河南师范大学学报(自然科学版),1993(3):79 – 81.

⑤　侯忠义. 3 维射影空间中笛沙格定理的推广[J]. 首都师范大学学报(自然科学版),1994(2):28 – 30.

⑥　梁延堂,马世祥. P^3 中关于四面体的 Desargues 定理[J]. 甘肃科学学报,2000(3):21 – 23.

（iii）两四面体的对应边交点共面；

（iv）两四面体的对应边所确定的平面共点.

2　由四面体共点、共面命题导出的四面体共面、共点定理

我们知道，三角形笛沙格定理在三角形中是证明共点线与共线点的重要定理，我们有理由相信四面体的笛沙格定理也应该具有广泛的应用.

根据四面体的笛沙格定理可知：给定四面体，只需满足定理 4.3 中的某一条，就可得到另外三条.

前面章节中，我们已得到了关于四面体的一些共点线（面）、共面点命题，在此基础上，我们可以结合四面体笛沙格定理，进一步发掘出四面体中相应的共面、共点、共线定理. 这里略举几例.

（1）由四面体垂心导出的命题

垂心四面体的四条高交于一点（垂心，见第 3 章 3.1 节），由四个垂足构成一个新四面体，不妨称之为已知四面体的"垂足四面体"，我们有：

定理 4.4　在垂心四面体与其垂足四面体中，有：

（ⅰ）对应面的交线共面；

（ⅱ）对应边的交点共面；

（ⅲ）对应边所确定的平面共点.

略证：根据垂心四面体的定义知，其四条高交于一点，表明垂心四面体与其垂足四面体满足定理 4.3 中的第（ⅰ）条，根据定理 4.3 即知定理 4.4 的结论成立.

2.2　由四面体的葛尔刚点导出的命题

在 5.2 节中我们得到四面体葛尔刚点的性质（5.2 节推论 2.1）.

命题 4.1　若四面体有内棱切球，则联结四面体的顶点与其所对侧面三角形的葛尔刚点，所得的四条直线交于一点（四面体的葛尔刚点）.

结合定理 4.3，类似地可得：

定理 4.5　若四面体有内棱切球，则该四面体和以各侧面葛尔刚点为顶点的四面体中，有：

（ⅰ）对应面的交线共面；

（ⅱ）对应边的交点共面；

（ⅲ）对应边所确定的平面共点.

（3）由伪垂心导出的命题

在第 3 章 3.1 节中介绍了一般四面体的伪垂心概念,即:

定义4.1　设四面体 $A_1A_2A_3A_4$ 的外心为 O,若点 W 满足 $\overrightarrow{OW} = \sum\limits_{j=1}^{4} \overrightarrow{OA_j}$,则点 W 称为四面体 $A_1A_2A_3A_4$ 的伪垂心.

利用伪垂心的概念,我们有:

定理4.6　设四面体 $A_1A_2A_3A_4$ 的外心为 O,顶点 A_i 所对侧面 Δ_i 三角形的重心为 $G_i(i = 1,2,3,4)$,过顶点 A_i 作 $A_iW_i \parallel OG_i$ 交侧面 Δ_i 于 $W_i(1 \leq i \leq 4)$,则四面体 $A_1A_2A_3A_4$ 与 $W_1W_2W_3W_4$:

（ⅰ）对应顶点连线共点;

（ⅱ）对应面交线共面;

（ⅲ）对应边交点共面;

（ⅳ）对应边所确定的平面共点.

证明:根据定理 4.3 可知,我们只需证明定理 4.6 中某一条成立即可.下面证明（ⅰ）成立,即 $A_1W_1,A_2W_2,A_3W_3,A_4W_4$ 交于一点 —— 即四面体 $A_1A_2A_3A_4$ 的伪垂心 W.

应用同一法.因 $A_iW_i \parallel OG_i(1 \leq i \leq 4)$,要证诸线 $A_iW_i(1 \leq i \leq 4)$ 交于点 W,只需证明 $A_iW \parallel OG_i(1 \leq i \leq 4)$ 即可.

因为 G_i 是侧面 Δ_i 的重心,所以有 $\overrightarrow{OG_i} = \dfrac{1}{3}(\sum\limits_{j=1}^{4} \overrightarrow{OA_j} - \overrightarrow{OA_i})(1 \leq i \leq 4)$,由定义 4.1 知,$\overrightarrow{A_iW} = \overrightarrow{OW} - \overrightarrow{OA_i} = \sum\limits_{j=1}^{4} \overrightarrow{OA_j} - \overrightarrow{OA_i}$,于是有 $\overrightarrow{A_iH} = 3\overrightarrow{OG_i}$,表明 $A_iW \parallel OG_i(1 \leq i \leq 4)$.证毕.

应用完全类似的方法,我们由四面体的重心、内心、奈格尔点、等距共轭点、等角共轭点、共轭重心（4.4 节）……也可得到相应的共点、共面命题.这里不再赘述.

第7章　　重心坐标法的应用

在近现代三角形几何学研究中,常采用重心坐标或三线坐标法.正如单墫教授所说,三角形几何学研究采用解析几何的直角坐标(笛卡儿坐标)其实"不很适用".因为三角形的三个顶点具有平等的地位,应采用重心坐标或三线坐标为宜[①].

近年来三角形几何学重焕生机,一个重要的原因就是在研究方法上有所改进,如采用重心坐标或三线坐标、甚至应用计算机技术来进行研究.在三角形特征点研究领域,研究成果层出不穷,至今已发现的三角形特征点数以千计(在Clak Kimberling所建网站ETC上记录的三角形特征点已超过四万个[②]).仅《三线坐标与三角形特征点》一书收录的三角形的特征点就有三千多个[③](都已知其重心坐标).

与之不同的是,四面体中已知的特征点却屈指可数,而知其重心坐标的点就更少.目前仅看到过四面体的重心、内心、旁心、外心的重心坐标.其中四面体的重心、内心、旁心的重心坐标比较简单,而四面体外心的重心坐标就十分复杂[④],垂心就更麻烦了.一般四面体不一定有垂心,即便有垂心的四面体,其垂心的重心坐标至今也无人问津.究其原因,一方面,是因为与三角形相比,四面体的复杂程度、涉及有关计算的难度都大大增加;另一方面,由于一段时间以来,四面体(单形)研究的热点集中在几何不等式研究领域[④⑤],相对来说,四面体中有关几何元素的位置关系问题(包括有关特征点及其重心坐标)的研究因难度较大而显得比较"冷门".

本章尝试应用重心坐标法研究四面体中一些共点线(面)、共面点问题,顺便得到四面体一些特征点的重心坐标.为此,我们先对重心坐标概念做一个简

---

①　盖拉特雷,著,单墫,译.近代的三角形几何学[M].哈尔滨:哈尔滨工业大学出版社,2012:1 - 2.

②　一个专门研究三角形特征点的开放式交流平台"Encyclopedia of Triangle Centers[ETC]".

③　吴悦辰.三线坐标与三角形特征点[M].哈尔滨:哈尔滨工业大学出版社,2015.

④　沈文选.单形论导引[M].长沙:湖南师范大学出版社,2000:130 - 140.

⑤　樊益武.四面体不等式[M].哈尔滨:哈尔滨工业大学出版社,2017:191 - 194.

介,推导出四面体中有关共点、共面充要条件的重心坐标形式,然后说明其应用.

7.1 重心坐标系

1 平面重心坐标[1][2][3]

定义 1.1 取 $\triangle ABC$ 为坐标三角形,对于平面上任一点 M,将下述三个三角形面积的比值

$$\triangle MBC：\triangle MCA：\triangle MAB = x：y：z \tag{1.1}$$

叫作点 M 的面积坐标,或叫作点 M 的(齐次)重心坐标,记为 $M = (x：y：z)$.

注 1.1:(i)因为允许点 M 在 $\triangle ABC$ 外部,所以式(1.1)中的三角形面积是带符号的(称为有向面积).通常约定:顶点按逆时针方向排列的三角形面积为正,顶点按顺时针方向排列的三角形面积为负.

(ii)点 M 的齐次重心坐标$(x：y：z)$是满足式(1.1)的三元数组,因此,齐次重心坐标不是唯一的,可以相差一个非零常数因子.

(iii)若 $x + y + z = \sigma \neq 0$,则称$(\frac{x}{\sigma}：\frac{y}{\sigma}：\frac{z}{\sigma})$为点 M 的规范重心坐标(或绝对重心坐标);若 $x + y + z = 0$,则点 M 为该平面上的无穷远点;若 x,y,z 全为0,则重心坐标$(0：0：0)$没有意义,不表示任何点.

根据重心坐标的定义可计算出三角形某些特征点的重心坐标,如:

命题 1.1[1][2][3] 坐标 $\triangle ABC$(内角 A,B,C 所对边为 a,b,c)各顶点的重心坐标是 $A = (1：0：0),B = (0：1：0),C = (0：0：1)$;重心 G,内心 I,外心 O,垂心 H,界心(也称奈格尔点)N 的重心坐标分别是

$$G = (1：1：1),I = (a：b：c) = (\sin A：\sin B：\sin C)$$

$$O = (\sin 2A：\sin 2B：\sin 2C),H = (\tan A：\tan B：\tan C)$$

$$N = (s - a：s - b：s - c) \quad (其中 s = \frac{a + b + c}{2})$$

线段的定比分点坐标公式为:

① 吴悦辰. 三线坐标与三角形特征点[M].哈尔滨:哈尔滨工业大学出版社,2015.
② Paul Yiu. Introduction to the Geometry of the Triangle. 2002:27 – 31.
③ 杨路.谈谈重心坐标(初等数学论丛(第3辑))[M].上海:上海教育出版社,1981:16 – 17.

命题 1.2(定比分点坐标公式)[①②]   在平面重心坐标系中，设 P,Q 的齐次重心坐标分别为 $P = (x_1 : y_1 : z_1)$，$Q = (x_2 : y_2 : z_2)$，且满足 $x_1 + y_1 + z_1 = x_2 + y_2 + z_2$，则分线段 PQ 成比例 $PX : XQ = p : q$ 的分点 X 的齐次重心坐标是

$$(qx_1 + px_2 : qy_1 + py_2 : qz_1 + pz_2)$$

命题 1.3[③]   在平面重心坐标系中，过两点 $P = (x_1 : y_1 : z_1)$，$Q = (x_2 : y_2 : z_2)$ 的直线方程是

$$\begin{vmatrix} x & y & z \\ x_1 & y_1 & z_1 \\ x_2 & y_2 & z_2 \end{vmatrix} = 0$$

即

$$\lambda x + \mu y + \nu z = 0$$

其中

$$\lambda = \begin{vmatrix} y_1 & z_1 \\ y_2 & z_2 \end{vmatrix}, \mu = \begin{vmatrix} z_1 & x_1 \\ z_2 & x_2 \end{vmatrix}, \nu = \begin{vmatrix} x_1 & y_1 \\ x_2 & y_2 \end{vmatrix}$$

命题 1.3 表明，在平面重心坐标系下，直线方程仍为线性方程.

由此可得坐标 $\triangle ABC$ 的三边所在直线的方程为

$$BC : x = 0; CA : y = 0; AB : z = 0$$

三条中线的方程为 $y = z; z = x; x = y$.

根据命题 1.3 还可得到三点共线的充要条件的重心坐标形式.

推论 1.1[③]   平面内三点 $M_i = (x_i : y_i : z_i)(i = 1,2,3)$ 共线的充要条件是

$$\begin{vmatrix} x_1 & y_1 & z_1 \\ x_2 & y_2 & z_2 \\ x_3 & y_3 & z_3 \end{vmatrix} = 0$$

求平面内两直线的交点，可得：

---

① 吴悦辰. 三线坐标与三角形特征点[M]. 哈尔滨:哈尔滨工业大学出版社,2015.

② Paul Yiu. Introduction to the Geometry of the Triangle. 2002:27 – 31.

③ 杨路. 谈谈重心坐标(初等数学论丛(第3辑))[M]. 上海:上海教育出版社,1981:16 – 17.

命题 1.4[①] 平面重心坐标系下两直线 $\lambda_i x + \mu_i y + \nu_i z = 0 (i = 1,2)$ 交点的重心坐标为 $(x : y : z)$,其中 $x = \begin{vmatrix} \mu_1 & \nu_1 \\ \mu_2 & \nu_2 \end{vmatrix}, y = \begin{vmatrix} \nu_1 & \lambda_1 \\ \nu_2 & \lambda_2 \end{vmatrix}, z = \begin{vmatrix} \lambda_1 & \mu_1 \\ \lambda_2 & \mu_2 \end{vmatrix}$.

根据命题 1.4 可得三线共点的充要条件的重心坐标形式.

推论 1.2[①] 平面内三直线 $\lambda_i x + \mu_i y + \nu_i z = 0 (i = 1,2,3)$ 共点的充要条件是

$$\begin{vmatrix} \lambda_1 & \mu_1 & \nu_1 \\ \lambda_2 & \mu_2 & \nu_2 \\ \lambda_3 & \mu_3 & \nu_3 \end{vmatrix} = 0$$

2 三角形塞瓦定理的重心坐标形式

在平面重心坐标系中,三角形塞瓦定理可描述为(图 1.2):

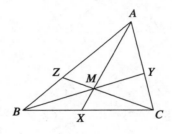

图 1.2

命题 1.5[②③]**(三角形塞瓦定理的重心坐标形式)** 设 X,Y,Z 分别是坐标 $\triangle ABC$ 的边 BC,CA,AB 所在直线上的点,则 AX,BY,CZ 交于一点 $M = (x_0 : y_0 : z_0)$ 的充要条件是 X,Y,Z 具有下列形式的重心坐标

$$X = (0 : y_0 : z_0), Y = (x_0 : 0 : z_0), Z = (x_0 : y_0 : 0) \tag{1.2}$$

证明:(i) 充分性.

若 X,Y,Z 具有下列形式的重心坐为 (1.2),根据命题 1.3 可求得 AX,BY,CZ 的方程分别为

$$z_0 y - y_0 z = 0, z_0 x - x_0 z = 0, y_0 x - x_0 y = 0 \tag{1.3}$$

显然有

---

① 杨路. 谈谈重心坐标(初等数学论丛(第3辑))[M].上海:上海教育出版社,1981:16 – 17.
② Paul Yiu. Introduction to the Geometry of the Triangle. 2002:27 – 31.
③ 吴悦辰.三线坐标与三角形特征点[M].哈尔滨:哈尔滨工业大学出版社,2015:36.

$$\begin{vmatrix} 0 & z_0 & -y_0 \\ z_0 & 0 & -x_0 \\ y_0 & -x_0 & 0 \end{vmatrix} = 0$$

根据推论 1.2 的充分性知,AX,BY,CZ 交于一点. 根据命题 1.4,可求得 (1.3) 中三条直线的交点为 $M = (x_0 : y_0 : z_0)$.

(ⅱ) 必要性.

若 AX,BY,CZ 交于一点 $M = (x_0 : y_0 : z_0)$,可求得 AX(即 AM) 的方程为 $z_0 y - y_0 z = 0$,它与 $BC:x = 0$ 交于点 $X = (0 : y_0 : z_0)$. 同理可证 $Y = (x_0 : 0 : z_0)$,$Z = (x_0 : y_0 : 0)$. 证毕.

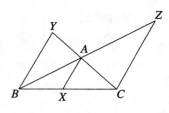

图 1.3

命题 1.5 包括了 M 为无穷远点时的结论.

此时,充分性仍按上述证法可得 AX,BY,CZ 交于一点 $M = (x_0 : y_0 : z_0)$. 当 M 为无穷远点,即 $x_0 + y_0 + z_0 = 0$ 时,此时有 $AX \mathbin{/\mkern-5mu/} BY \mathbin{/\mkern-5mu/} CZ$(图 1.3).

在必要性证明中,若 AX,BY,CZ 交于点 $M = (x_0 : y_0 : z_0)$ 为无穷远点,即 $x_0 + y_0 + z_0 = 0$. 此时有 $AX \mathbin{/\mkern-5mu/} BY \mathbin{/\mkern-5mu/} CZ$.

同上述充分性证法可得 $X = (0 : y_0 : z_0)$,即有 $BX : XC = z_0 : y_0$.

由 $AX \mathbin{/\mkern-5mu/} BY$ 可知 $AY : YC = (-z_0) : (y_0 + z_0) = (-z_0) : (-x_0) = z_0 : x_0$.

于是可得点 Y 的重心坐标为 $Y = (x_0 : 0 : z_0)$,同理可得 $Z = (x_0 : y_0 : 0)$.

比命题 1.5(充分性) 更一般的结论是:

推论 1.3[1][2] 设 X,Y,Z 分别是坐标 $\triangle ABC$ 所在平面上的点,若 X,Y,Z 具有下列形式的重心坐标

$$X = (* * * * : y_0 : z_0),Y = (x_0 : * * * * : z_0),Z = (x_0 : y_0 : * * * *)$$

$$(1.4)$$

① Paul Yiu. Introduction to the Geometry of the Triangle. 2002:27 – 31.
② 吴悦辰. 三线坐标与三角形特征点[M]. 哈尔滨:哈尔滨工业大学出版社,2015.

则 AX,BY,CZ 交于一点 $M = (x_0 : y_0 : z_0)$.

注 1.2:式(1.4)中 $* * * *$ 表示任意坐标分量. 在命题 1.6 中,称 $\triangle XYZ$ 与 $\triangle ABC$ 透视,M 为透视中心.

略证:类似于命题 1.5 的证明可得 AX,BY,CZ 的方程为(1.3),则易求得 AX,BY,CZ 分别与对边 BC,CA,AB 的交点为

$$X' = (0 : y_0 : z_0), Y' = (x_0 : 0 : z_0), Z' = (x_0 : y_0 : 0)$$

由命题 1.5 的充分性知 AX,BY,CZ 交于一点 $M = (x_0 : y_0 : z_0)$.

3　空间重心坐标[①②]

重心坐标概念可以推广至三维空间乃至 n 维欧氏空间[③],本章研究的空间重心坐标指三维空间重心坐标. 若无特殊说明,所述命题均为以四面体 $A_1A_2A_3A_4$ 为坐标四面体的空间重心坐标系(简称重心坐标系 $A_1A_2A_3A_4$)中的命题.

定义 1.2　取四面体 $A_1A_2A_3A_4$ 叫作为坐标四面体. 对于空间任一点 M,将下述四个四面体体积的比值

$$V_{A_2A_3A_4M} : V_{A_1A_3A_4M} : V_{A_1A_2A_4M} : V_{A_1A_2A_3M} = x : y : z : w \qquad (1.5)$$

叫作点 M 的体积坐标,或叫作点 M 的(齐次)重心坐标,记为 $M = (x : y : z : w)$.

注 1.3:(i)式(1.5)中四面体的体积都是带符号的(称为有向体积[④]). 通常约定:点 M 在坐标四面体侧面的内侧时,规定为正,否则为负.

(ii)若 $x + y + z + w = \sigma \neq 0$,则称 $(\frac{x}{\sigma} : \frac{y}{\sigma} : \frac{z}{\sigma} : \frac{w}{\sigma})$ 为点 M 的规范重心坐标.

(iii)若 $x + y + z + w = 0$,则点 $M = (x : y : z : w)$ 称为该空间的无穷远点[③];重心坐标 $(0 : 0 : 0 : 0)$ 无意义,不表示任何点.

根据重心坐标的定义可知:

命题 1.6[①②]　对于坐标四面体 $A_1A_2A_3A_4$,设 A_i 所对侧面面积为 $S_i(i = 1,2,3,4)$,则四面体 $A_1A_2A_3A_4$ 各顶点的重心坐标依次为

$$A_1 = (1 : 0 : 0 : 0), A_2 = (0 : 1 : 0 : 0)$$

---

①　樊益武. 四面体不等式[M]. 哈尔滨:哈尔滨工业大学出版社,2017:191 – 194.

②　沈文选. 单形论导引[M]. 长沙:湖南师范大学出版社,2000:130 – 140.

③　吴悦辰. 三线坐标与三角形特征点[M]. 哈尔滨:哈尔滨工业大学出版社,2015.

④　Paul Yiu. Introduction to the Geometry of the Triangle. 2002;27 – 31.

$$A_3 = (0:0:1:0), A_4 = (0:0:0:1)$$

四面体 $A_1A_2A_3A_4$ 的重心 G,内心 I 的重心坐标分别是

$$G = (1:1:1:1), I = (S_1:S_2:S_3:S_4)$$

平面内的有关结论可以引申至三维空间.

在空间重心坐标系中,线段的定比分点坐标公式与平面内的情形类似,只需增加一个坐标分量.

命题 1.7[①]   在重心坐标系 $A_1A_2A_3A_4$ 中,设点 P,Q 的重心坐标分别为 $P = (x_1:y_1:z_1:w_1), Q = (x_2:y_2:z_2:w_2)$,且满足 $x_1 + y_1 + z_1 + w_1 = x_2 + y_2 + z_2 + w_2$,则分线段 PQ 成比例 $PX:XQ = p:q$ 的分点 X 的重心坐标是

$$(qx_1 + px_2 : qy_1 + py_2 : qz_1 + pz_2 : qw_1 + pw_2)$$

将命题 1.3 引申至三维空间,就有:

命题 1.8[②]   在重心坐标系 $A_1A_2A_3A_4$ 中,经过空间不共线三点 $M_i = (x_i:y_i:z_i:w_i)(i = 1,2,3)$ 的平面方程是

$$\begin{vmatrix} x & y & z & w \\ x_1 & y_1 & z_1 & w_1 \\ x_2 & y_2 & z_2 & w_2 \\ x_3 & y_3 & z_3 & w_3 \end{vmatrix} = 0$$

由此可得:

命题 1.9   设坐标四面体 $A_1A_2A_3A_4$ 的顶点 A_i 所对侧面为 $\Delta_i(i = 1,2,3,4)$,空间任一点 M 的重心坐标为 $(\mu_1:\mu_2:\mu_3:\mu_4)$,则侧面 Δ_i 的重心坐标方程是

$$\mu_i = 0 \quad (i = 1,2,3,4)$$

推论 1.4[①③]   重心坐标系 $A_1A_2A_3A_4$ 中四点 $M_i = (x_i:y_i:z_i:w_i)(i = 1,2,3,4)$ 共面的充要条件是

$$\begin{vmatrix} x_1 & y_1 & z_1 & w_1 \\ x_2 & y_2 & z_2 & w_2 \\ x_3 & y_3 & z_3 & w_3 \\ x_4 & y_4 & z_4 & w_4 \end{vmatrix} = 0$$

---

① 沈文选.单形论导引[M].长沙:湖南师范大学出版社,2000:130 - 140.
② 张晗方.几何不等式导引[M].北京:中国科学文化出版社,2003:81.
③ 樊益武.四面体不等式[M].哈尔滨:哈尔滨工业大学出版社,2017:191 - 194.

至于三角形塞瓦定理的重心坐标形式,我们将在下一节引申推广至四面体中.

7.2　四面体塞瓦定理的重心坐标形式

为便于叙述,本章约定:四面体 $A_1A_2A_3A_4$ 的顶点 A_i 所对侧面(或侧面三角形)记为 Δ_i,侧面 Δ_i 的面积记为 $S_i(i=1,2,3,4)$;四面体 $A_1A_2A_3A_4$ 的表面积记为 S,即 $S=\sum_{i=1}^{4}S_i$.

将命题1.5(三角形塞瓦定理的重心坐标形式)引申至三维空间,已有的结论是:

命题2.1[①②]　设 M 为坐标四面体 $A_1A_2A_3A_4$ 内任意一点,连线 A_iM 的延长线交对面 Δ_i 于 $M_i(i=1,2,3,4)$,若 M 的重心坐标为 $(x:y:z:w)$,则 M_i 的重心坐标为

$$M_1=(0:y:z:w),M_2=(x:0:z:w),$$
$$M_3=(x:y:0:w),M_4=(x:y:z:0)$$

对照命题2.1与命题1.5,需要做如下说明:

(ⅰ)与命题1.5的必要性不同的是,命题2.1限定了 M 为坐标四面体的内点(不含边界),从而交点 M_i 是侧面三角形 $\Delta_i(i=1,2,3,4)$ 的内点.事实上,对于非坐标四面体顶点的空间任一点 M,命题2.1的结论都成立;

(ⅱ)命题1.5给出的是充分必要条件,但在相关文献中却并未说明命题2.1的逆命题是否成立.事实上,命题2.1的逆命题(限定 M 非坐标四面体顶点)也成立.

对命题2.1进行拓广,我们有:

定理2.1　设 M_i 是坐标四面体 $A_1A_2A_3A_4$ 的侧面 $\Delta_i(i=1,2,3,4)$ 上一点,则直线 $A_1M_1,A_2M_2,A_3M_3,A_4M_4$ 交于一点 $M=(x:y:z:w)$(M 非坐标四面体顶点)的充要条件是:点 M_i 具有下列形式的重心坐标(x,y,z,w 中至多有两个为0)

$$M_1=(0:y:z:w),M_2=(x:0:z:w)$$

①　沈文选.单形论导引[M].长沙:湖南师范大学出版社,2000:130－140.
②　樊益武.四面体不等式[M].哈尔滨:哈尔滨工业大学出版社,2017:191－194.

$$M_3 = (x : y : 0 : w), M_4 = (x : y : z : 0) \qquad (2.1)$$

为证明定理 2.1,我们先证明下面的引理:

引理 2.1 设 $M_1 = (0 : y : z : w)$ 是坐标四面体 $A_1 A_2 A_3 A_4$ 的侧面 Δ_1 上一点,则点 P(异于顶点 A_1)在直线 $A_1 M_1$ 上的充要条件是 P 具有下面形式的重心坐标

$$(* * * * : y : z : w) \qquad (2.2)$$

注 2.1:式(2.2)中 $* * * *$ 表示任意坐标分量.

证明:设 $y + z + w = \sigma \neq 0$,顶点 A_1 的齐次重心坐标可写成 $(\sigma : 0 : 0 : 0)$.

若点 P(异于顶点 A_1)在直线 $A_1 M_1$ 上,可设 $\overrightarrow{A_1 P} = \lambda \overrightarrow{P M_1}$.

由定比分点坐标公式(命题 1.8)可得,点 P 的齐次重心坐标为

$$(\sigma : \lambda y : \lambda z : \lambda w) = \left(\frac{\sigma}{\lambda} : y : z : w \right)$$

符合式(2.2)特征.

反之,若点 P 的重心坐标具有式(2.2)的形式,则点 P 必在直线 $A_1 M_1$ 上(异于顶点 A_1).

事实上,假设点 P 不在直线 $A_1 M_1$ 上,过 A_1 与 P 的直线(异于 $A_1 M_1$)交侧面 Δ_1 于一点 $M'_1 = (0 : y' : z' : w')$,$M'_1$ 是异于 M_1 的另一点,因此 $y' : z' : w' \neq y : z : w$. 仍按前面的方法可得点 P 的重心坐标为 $(* * * * : y' : z' : w')$,不具有式(2.2)的形式,矛盾!证毕.

定理 2.1 的证明:(ⅰ)必要性.

依题设,M_i 为侧面 $\Delta_i (i = 1, 2, 3, 4)$ 上一点,直线 $A_1 M_1, A_2 M_2, A_3 M_3, A_4 M_4$ 交于一点 $M = (x : y : z : w)$(M 非坐标四面体顶点).

因 M 的坐标具有式(2.2)的特征,根据引理 2.1 的充分性知,M_1 的重心坐标为 $(0 : y : z : w)$. 同理可证其余诸点 M_i 的重心坐标具有式(2.1)的形式.

(ⅱ)充分性.

设诸点 M_i 的重心坐标具有式(2.1)的形式.

因 $M = (x : y : z : w)$ 符合式(2.2)的特征,根据引理 2.1 的必要性知,点 M 必在直线 $A_1 M_1$ 上. 同理可证 M 也在直线 $A_2 M_2, A_3 M_3, A_4 M_4$ 上,即直线 $A_1 M_1$, $A_2 M_2, A_3 M_3, A_4 M_4$ 交于一点 $M = (x : y : z : w)$. 证毕.

注 2.2:定理 2.1 中限定 M 非坐标四面体的顶点(从而 x, y, z, w 中至多有两

个为 0）是恰当和必须的. 否则, 若 M 是坐标四面体的顶点, 则 x, y, z, w 中有三个为 0, 于是在式（2.1）中必有某个点 M_i 的重心坐标变成 $(0:0:0:0)$, 无意义.

在空间重心坐标系中, 7.1 节的命题 1.5 对于坐标四面体的一个侧面三角形其结论仍成立, 即有（图 2.1）:

定理 2.2   设 B_{34}, B_{24}, B_{23} 分别是坐标四面体 $A_1 A_2 A_3 A_4$ 的侧面 Δ_1（即 $\triangle A_2 A_3 A_4$）的边 $A_3 A_4, A_2 A_4, A_2 A_3$ 所在直线上一点, 则直线 $A_2 B_{34}, A_3 B_{24}, A_4 B_{23}$ 交于一点 $M_1 = (0:y:z:w)$ 的充要条件是 B_{34}, B_{24}, B_{23} 具有下面形式的重心坐标

$$B_{34} = (0:0:z:w), B_{24} = (0:y:0:w), B_{23} = (0:y:z:0)$$

证明: 如图 2.1, 因为侧面 Δ_1 上任一点 M_1 的重心坐标的第一坐标分量必为 0. 现考察另外三个坐标分量 $y:z:w$, 根据重心坐标的定义（定义 1.2）显然有

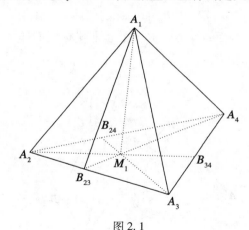

图 2.1

$$y:z:w = V_{A_1 A_3 A_4 M_1} : V_{A_1 A_2 A_4 M_1} : V_{A_1 A_2 A_3 M_1} = S_{\triangle M_1 A_3 A_4} : S_{\triangle M_1 A_4 A_2} : S_{\triangle M_1 A_2 A_3}$$

上述等式最后的三个面积为带符号的有向面积（见注 1.1（1））.

这就表明: 取 $\triangle A_2 A_3 A_4$ 为坐标三角形时点 M_1 的重心坐标（面积坐标）为 $(y:z:w)$.

根据命题 1.5 知（取 $\triangle A_2 A_3 A_4$ 为坐标三角形）: 直线 $A_2 B_{34}, A_3 B_{24}, A_4 B_{23}$ 交于一点 $M_1 = (y:z:w)$ 的充要条件是 B_{23}, B_{34}, B_{24} 具有下面形式的重心坐标（面积坐标）

$$B_{34} = (0:z:w), B_{24} = (y:0:w), B_{23} = (y:z:0)$$

也即当取 $A_1 A_2 A_3 A_4$ 为坐标四面体时, 直线 $A_2 B_{34}, A_3 B_{24}, A_4 B_{23}$ 交于一点 $M_1 = (0:y:z:w)$ 的充要条件是: B_{23}, B_{34}, B_{24} 具有下面形式的重心坐标（体积坐标）

$$B_{34} = (0:0:z:w), B_{24} = (0:y:0:w), B_{23} = (0:y:z:0)$$

证毕.

定理 2.1 中的结论"四线共点"其实等价于"六面共点". 由此我们可得四面体中有关六面共点的一个充要条件(重心坐标形式), 即:

定理 2.3 设 B_{ij} 是坐标四面体 $A_1A_2A_3A_4$ 的棱 A_iA_j 所在直线上一点(B_{ij} 非坐标四面体顶点, $1 \le i < j \le 4$), 则 6 个平面 $A_1A_2B_{34}$, $A_1A_3B_{24}$, $A_1A_4B_{23}$, $A_2A_3B_{14}$, $A_2A_4B_{13}$, $A_3A_4B_{12}$ 交于一点 $M = (x:y:z:w)$ 的充要条件是 B_{ij} 具有下面形式的重心坐标

$$B_{34} = (0:0:z:w), B_{24} = (0:y:0:w), B_{23} = (0:y:z:0)$$
$$B_{12} = (x:y:0:0), B_{13} = (x:0:z:0), B_{14} = (x:0:0:w)$$

证明:(ⅰ)必要性.

如图 2.2, 设六个平面 $A_1A_2B_{34}$, $A_1A_3B_{24}$, $A_1A_4B_{23}$, $A_2A_3B_{14}$, $A_2A_4B_{13}$, $A_3A_4B_{12}$ 交于一点 $M = (x:y:z:w)$. 因 B_{ij} 非坐标四面体 $A_1A_2A_3A_4$ 的顶点, 则上述六个平面(均非四面体的侧面)的交点 M 显然也非坐标四面体 $A_1A_2A_3A_4$ 的顶点.

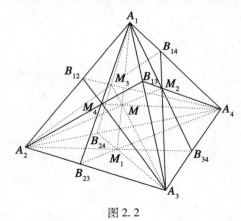

图 2.2

因为平面 $A_1A_2B_{34}$, $A_1A_3B_{24}$, $A_1A_4B_{23}$ 有公共点 A_1 和 M, 所以 A_1M 是这三个平面的交线. 设 A_1M 与侧面 Δ_1 相交于点 M_1[注2.3], 则直线 A_2B_{34}, A_3B_{24}, A_4B_{23} 交于一点 M_1.

因 $M = (x:y:z:w)$, 根据定理 2.1 的必要性知, M_1 的重心坐标为 $(0:y:z:w)$.

根据定理 2.2 的必要性知

$$B_{34} = (0:0:z:w), B_{24} = (0:y:0:w), B_{23} = (0:y:z:0)$$

同理可证 $B_{12} = (x:y:0:0), B_{13} = (x:0:z:0), B_{14} = (x:0:0:w)$.

（ⅱ）充分性.

若诸点 B_{ij} 具有下面形式的重心坐标

$$B_{34} = (0:0:z:w), B_{24} = (0:y:0:w), B_{23} = (0:y:z:0)$$
$$B_{12} = (x:y:0:0), B_{13} = (x:0:z:0), B_{14} = (x:0:0:w)$$

根据定理 2.2 的充分性知,在侧面 Δ_1 上,直线 $A_2B_{34}, A_3B_{24}, A_4B_{23}$ 交于一点 $M_1 = (0:y:z:w)$.

同理可得:

在侧面 Δ_2 上,直线 $A_1B_{34}, A_3B_{14}, A_4B_{13}$ 交于一点 $M_2 = (x:0:z:w)$;

在侧面 Δ_3 上,直线 $A_1B_{24}, A_2B_{14}, A_4B_{12}$ 交于一点 $M_3 = (x:y:0:w)$;

在侧面 Δ_4 上,直线 $A_1B_{23}, A_2B_{13}, A_3B_{12}$ 交于一点 $M_4 = (x:y:z:0)$.

根据定理 2.1 的充分性知,直线 $A_1M_1, A_2M_2, A_3M_3, A_4M_4$ 交于一点 $M = (x:y:z:w)$. M 显然也是六个平面 $A_1A_2B_{34}, A_1A_3B_{24}, A_1A_4B_{23}, A_2A_3B_{14}, A_2A_4B_{13}, A_3A_4B_{12}$ 的公共点. 证毕.

注 2.3:在定理 2.3 必要性的证明中,可能会出现 A_1M // 侧面 Δ_1 的特殊情形,但上述证法照样适合.

如图 2.3,设 A_1M // 侧面 Δ_1. 容易证得 A_1M // A_3B_{24} // A_2B_{34} // A_4B_{23}. 此时应视为直线 A_1M 与侧面 Δ_1 交于无穷远点 M_1.

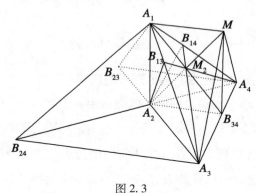

图 2.3

根据定义 1.2 知,上述证法所得的点 $M_1 = (0:y:z:w)$ 的坐标满足 $y + z + w = 0$.

由 $B_{34} = (0:0:z:w), B_{24} = (0:y:0:w), B_{23} = (0:y:z:0)$ 及定理 2 得 $A_2B_{34}, A_3B_{24}, A_4B_{23}$ 交于 $M_1 = (0:y:z:w)$ 为无穷远点. 这与图 2.3 中 A_1M // A_3B_{24} // A_2B_{34} // A_4B_{23} 完全相符. 表明上述证法适合 A_1M // 侧面 Δ_1 的特殊情形.

在定理 2.1 中,通常称四面体 $M_1M_2M_3M_4$ 为四面体 $A_1A_2A_3A_4$ 关于点 M 的塞

瓦四面体[①].

更一般地,我们有:

定理 2.4   取 $A_1A_2A_3A_4$ 为坐标四面体,若 M_1,M_2,M_3,M_4 的重心坐标可以写成下面的形式

$$M_1 = (\;*\;*\;*\;* : y : z : w),M_2 = (x : \;*\;*\;*\;* : y : z)$$
$$M_3 = (x : y : \;*\;*\;*\;* : w),M_4 = (x : y : z : \;*\;*\;*\;*)$$

则直线 $A_1M_1,A_2M_2,A_3M_3,A_4M_4$ 交于一点 $M = (x : y : z : w)$.

注 2.4:在定理 2.4 中,$*\;*\;*\;*$ 表示任意坐标分量. 此时称四面体 $A_1A_2A_3A_4$ 与四面体 $M_1M_2M_3M_4$ 透视,点 M 称为透视中心.

证明:设直线 A_iM_i 与顶点 A_i 所对侧面 Δ_i 交于点 $M'_i(i = 1,2,3,4)$.

用完全类似于定理 2.1 的证明方法同理可得,点 M'_i 的重心坐标为

$$M'_1 = (0 : y : z : w),M'_2 = (x : 0 : z : w),$$
$$M'_3 = (x : y : 0 : w),M'_4 = (x : y : z : 0)$$

根据定理 2.1 的充分性知,直线 $A_1M_1,A_2M_2,A_3M_3,A_4M_4$ 交于一点 $M = (x : y : z : w)$. 证毕.

7.3   应 用 举 例

1   四面体塞瓦定理的重心坐标形式的应用

定理 2.3 以重心坐标形式给出了四面体中六面共点的一个充分必要条件. 与其他四面体中共点面的充分必要条件(如四面体塞瓦定理(见 1.2 节))一般都较复杂烦琐相比,定理 2.3 具有简洁实用的优点. 应用于研究四面体共点面问题时,完全有可能改进以往的方法,使证明过程变得简洁明快,顺便还可以得到一些新的四面体特征点的重心坐标. 下面举例说明.

(1)四面体的重心、内心、旁心

例 3.1(四面体重心定理)[②]   经过四面体的一条棱及其对棱中点的平面称为四面体的中面,则四面体的六个中面交于一点(重心).

证明:取四面体 $A_1A_2A_3A_4$ 为坐标四面体,设棱 A_iA_j 的中点为 $B_{ij}(1 \leqslant i < j \leqslant$

---

① 樊益武. 四面体不等式[M]. 哈尔滨:哈尔滨工业大学出版社,2017:194.
② 耿恒考. 四面体的重心与垂心的性质[J]. 数学通报,2010(10):55 – 57.

4），则 B_{ij} 的重心坐标是

$$B_{34} = (0:0:1:1), B_{24} = (0:1:0:1), B_{23} = (0:1:1:0)$$

$$B_{12} = (1:1:0:0), B_{13} = (1:0:1:0), B_{14} = (1:0:0:1)$$

根据定理 2.3 的充分性知，6 个中面 $A_1A_2B_{34}, A_1A_3B_{24}, A_1A_4B_{23}, A_2A_3B_{14}$，$A_2A_4B_{13}, A_3A_4B_{12}$ 交于一点 $G = (1:1:1:1)$（重心）. 证毕.

例 3.2（四面体内心定理）[①]　　四面体的六个内二面角平分面交于一点.

我们应用下面的结论进行证明：

定理 3.1（葛尔刚定理）[②]　　四面体中一个二面角的内（外）平分面将其对棱所分成两部分的比，等于其两邻面面积之比.

例 3.2 的证明：坐标四面体 $A_1A_2A_3A_4$ 每一个内二面角平分面与对棱相交，设棱 A_iA_j 上的交点为 $B_{ij}(1 \leqslant i < j \leqslant 4)$.

现考察 B_{34} 的重心坐标. 根据引理 3.1 可知，$A_3B_{34} : B_{34}A_4 = S_4 : S_3$，则 B_{34} 的重心坐标为 $(0:0:S_3:S_4)$，同理可得诸点 B_{ij} 的重心坐标是

$$B_{34} = (0:0:S_3:S_4), B_{24} = (0:S_2:0:S_4), B_{23} = (0:S_2:S_3:0)$$

$$B_{12} = (S_1:S_2:0:0), B_{13} = (S_1:0:S_3:0), B_{14} = (S_1:0:0:S_4)$$

根据定理 2.3 的充分性知，六个内二面角平分面 $A_1A_2B_{34}, A_1A_3B_{24}, A_1A_4B_{23}$，$A_2A_3B_{14}, A_2A_4B_{13}, A_3A_4B_{12}$ 交于一点 $I = (S_1:S_2:S_3:S_4)$（内心）. 证毕.

类似地，可得四面体临面区[②]四个旁心的重心坐标：

定理 3.2　　设坐标四面体 $A_1A_2A_3A_4$ 的侧面 Δ_k 的临面区的旁心（与侧面 Δ_k 相切、与另外三个侧面的延长平面相切的球的球心）为 $I_k(1 \leqslant k \leqslant 4)$，则 I_k 的重心坐标为

$$I_1 = (-S_1:S_2:S_3:S_4)$$

$$I_2 = (S_1:-S_2:S_3:S_4)$$

$$I_3 = (S_1:S_2:-S_3:S_4)$$

$$I_4 = (S_1:S_2:S_3:-S_4)$$

证明方法与例 3.2 完全类似. 只需注意旁心 I_k 在侧面 Δ_k 的外侧、另外三侧面的内侧，故其重心坐标第 $k(1 \leqslant k \leqslant 4)$ 个分量与另外三个坐标分量异号（证

① 苗国. 四面体的五"心"——重心、外心、内心、旁心和垂心[J]. 数学通报，1993(9)：21 – 24.
② 朱德祥. 初等几何复习及研究（立体几何）[M]. 北京：人民教育出版社，1960：129.

略).

（2）四面体的葛尔刚点与界心

例 3.3（四面体的葛尔刚点（见 5.2 节定理 2.1））　若四面体有棱切球（充要条件是四面体的三组对棱之和相等①），则过每一条侧棱与棱切球的切点及其对棱作平面，六个平面交于一点.

证明：参照图 2.2. 设坐标四面体 $A_1A_2A_3A_4$ 的棱切球与侧棱 A_iA_j 切于点 $B_{ij}(1 \leq i < j \leq 4)$，需证六个面 $A_1A_2B_{34}$，$A_1A_3B_{24}$，$A_1A_4B_{23}$，$A_2A_3B_{14}$，$A_2A_4B_{13}$，$A_3A_4B_{12}$ 交于一点.

设侧棱 A_iA_j 长为 $a_{ij}(1 \leq i < j \leq 4)$，因为内棱切球与四面体的所有棱都相切，根据切线长定理可设

$$A_1B_{12} = A_1B_{13} = A_1B_{14} = a, A_2B_{12} = A_2B_{23} = A_2B_{24} = b$$
$$A_3B_{13} = A_3B_{23} = A_3B_{34} = c, A_4B_{14} = A_4B_{24} = A_4B_{34} = d$$

则

$$a_{12} = a + b, a_{13} = a + c, a_{14} = a + d, a_{23} = b + c, a_{34} = c + d, a_{24} = b + d$$

$$(3.1)$$

（因而有 $a_{12} + a_{34} = a_{13} + a_{24} = a_{14} + a_{23} = a + b + c + d$）.

由 $A_3B_{34} : B_{34}A_4 = c : d$ 知 B_{34} 的重心坐标为 $(0 : 0 : d : c) = (0 : 0 : \frac{1}{c} : \frac{1}{d})$，同理可得诸点 B_{ij} 的重心坐标是

$$B_{34} = (0 : 0 : \frac{1}{c} : \frac{1}{d}), B_{24} = (0 : \frac{1}{b} : 0 : \frac{1}{d}), B_{23} = (0 : \frac{1}{b} : \frac{1}{c} : 0)$$

$$B_{12} = (\frac{1}{a} : \frac{1}{b} : 0 : 0), B_{13} = (\frac{1}{a} : 0 : \frac{1}{c} : 0), B_{14} = (\frac{1}{a} : 0 : 0 : \frac{1}{d})$$

根据定理 2.3 的充分性知六个面 $A_1A_2B_{34}$，$A_1A_3B_{24}$，$A_1A_4B_{23}$，$A_2A_3B_{14}$，$A_2A_4B_{13}$，$A_3A_4B_{12}$ 交于一点 $M = (\frac{1}{a} : \frac{1}{b} : \frac{1}{c} : \frac{1}{d})$（四面体 $A_1A_2A_3A_4$ 的葛尔刚点）.

其中 a, b, c, d 可由式（3.1）解得为

---

① 贺斌. 四面体存在棱切球的一个充要条件[J]. 中学数学（月刊），1998（3）：46.

$$a = \frac{a_{12} + a_{13} - a_{23}}{2}$$

$$b = \frac{a_{12} + a_{23} - a_{13}}{2}$$

$$c = \frac{a_{23} + a_{13} - a_{12}}{2}$$

$$d = \frac{a_{14} + a_{24} - a_{12}}{2}$$

证毕.

例 3.4(四面体的界心)[①]　四面体的六个周界中面交于一点.

证明:过四面体一棱上的一点及对棱作截面,平分四面体的表面积,称此截面为四面体的一个周界中面.

过四面体 $A_1A_2A_3A_4$ 每一棱的周界中面分别与对棱相交,设棱 A_iA_j 上的交点(显然是棱 A_iA_j 的内点)为 $B_{ij}(1 \le i < j \le 4$,参照图 2.2),并设四面体 $A_1A_2A_3A_4$ 的表面积为 $S = 2\Delta$.

因周界中面 $A_1A_2B_{34}$ 平分四面体 $A_1A_2A_3A_4$ 的表面积,则有(参见图 2.2)

$$\frac{A_3B_{34}}{B_{34}A_4} = \frac{S_{\triangle A_2A_3B_{34}}}{S_{\triangle A_2A_4B_{34}}} = \frac{S_{\triangle A_1A_3B_{34}}}{S_{\triangle A_1A_4B_{34}}} = \frac{S_{\triangle A_2A_3B_{34}} + S_{\triangle A_1A_3B_{34}}}{S_{\triangle A_2A_4B_{34}} + S_{\triangle A_1A_4B_{34}}} = \frac{\frac{S}{2} - S_4}{\frac{S}{2} - S_3} = \frac{\Delta - S_4}{\Delta - S_3}$$

则 B_{34} 的重心坐标为 $(0 : 0 : \Delta - S_3 : \Delta - S_4)$.同理可得诸点 B_{ij} 的重心坐标是

$$B_{34} = (0 : 0 : \Delta - S_3 : \Delta - S_4)$$
$$B_{24} = (0 : \Delta - S_2 : 0 : \Delta - S_4)$$
$$B_{23} = (0 : \Delta - S_2 : \Delta - S_3 : 0)$$
$$B_{12} = (\Delta - S_1 : \Delta - S_2 : 0 : 0)$$
$$B_{13} = (\Delta - S_1 : 0 : \Delta - S_3 : 0)$$
$$B_{14} = (\Delta - S_1 : 0 : 0 : \Delta - S_4)$$

根据定理 2.3 的充分性知,六个面 $A_1A_2B_{34}$,$A_1A_3B_{24}$,$A_1A_4B_{23}$,$A_2A_3B_{14}$,$A_2A_4B_{13}$,$A_3A_4B_{12}$ 交于一点 $N = (\Delta - S_1 : \Delta - S_2 : \Delta - S_3 : \Delta - S_4)$(四面体

[①]　曾建国.四面体的界心[J].数学通报,2022(1):59 - 60.

$A_1A_2A_3A_4$ 的界心). 证毕.

根据例 3.4 所得四面体界心的重心坐标可以验证下面的结论：

推论 3.1[①] 四面体的内心 I，重心 G，界心 N 三点共线，且 G 是 IN 的中点.

证明：应用例 3.4 的记号，根据例 3.2（或命题 1.1）知，坐标四面体 $A_1A_2A_3A_4$ 的内心 I、界心 N 的重心坐标分别为

$$I = (S_1 : S_2 : S_3 : S_4), N = (\Delta - S_1 : \Delta - S_2 : \Delta - S_3 : \Delta - S_4)$$

且有

$$(\Delta - S_1) + (\Delta - S_2) + (\Delta - S_3) + (\Delta - S_4) = 2\Delta = S_1 + S_2 + S_3 + S_4$$

根据定比分点坐标公式（命题 1.8）可得 IN 中点的重心坐标是

$$(\Delta : \Delta : \Delta : \Delta) = (1 : 1 : 1 : 1)$$

此即为四面体 $A_1A_2A_3A_4$ 的重心 G. 证毕.

（3）四面体的等距共轭点与等角共轭点

在第 4 章，我们已将三角形等距共轭点与等角共轭点的概念及性质类比推广至四面体中，现在我们再用重心坐标法给出有关结论的简洁证明，顺便得到相关特殊点的重心坐标.

三角形的等距共轭点与等角共轭点的重心坐标有着密切关系，即有：

命题 3.1[②③④] 取 $\triangle ABC$ 为坐标三角形（三边长为 a, b, c），则平面内一点 $P = (x : y : z)$ 的等距共轭点 Q、等角共轭点 Q' 的重心坐标分别为

$$Q = \left(\frac{1}{x} : \frac{1}{y} : \frac{1}{z}\right), Q' = \left(\frac{a^2}{x} : \frac{b^2}{y} : \frac{c^2}{z}\right)$$

将三角形的等距共轭点与等角共轭点性质引申推广至四面体中，有（见 4.2 节定理 2.1、4.3 节定理 3.5）：

命题 3.2 四面体 $A_1A_2A_3A_4$ 中，设棱 A_iA_j 上的一对等距共轭点（等角共轭点）为 B_{ij}, B'_{ij}（非四面体顶点），分别过 B_{ij}, B'_{ij} 与 A_iA_j 的对棱作平面，记为 π_{ij}，$\pi'_{ij}(1 \leqslant i < j \leqslant 4)$，若诸平面 $\pi_{ij}(1 \leqslant i < j \leqslant 4)$ 交于一点 P，则诸平面 π'_{ij} $(1 \leqslant i < j \leqslant 4)$ 也交于一点 Q.

---

① 邓胜. 四面体的界点、界心及其坐标公式[J]. 中学数学, 2002(11):43 - 46.

② 杨路. 谈谈重心坐标（初等数学论丛（第 3 辑））[M]. 上海:上海教育出版社,1981:16 - 17.

③ Paul Yiu. Introduction to the Geometry of the Triangle. 2002:27 - 31.

④ 吴悦辰. 三线坐标与三角形特征点[M]. 哈尔滨:哈尔滨工业大学出版社,2015.

证明:取四面体 $A_1A_2A_3A_4$ 为坐标四面体,如图 3.1,设诸平面 $\pi_{ij}(1 \leqslant i < j \leqslant 4)$ 交于一点 $P = (x:y:z:w)$,根据定理 2.3 知,B_{ij} 具有下面形式的重心坐标

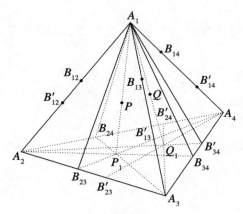

图 3.1

$$B_{34} = (0:0:z:w),B_{24} = (0:y:0:w),B_{23} = (0:y:z:0)$$
$$B_{12} = (x:y:0:0),B_{13} = (x:0:z:0),B_{14} = (x:0:0:w)$$

（ⅰ）若 B_{ij},B'_{ij} 是棱 $A_iA_j(1 \leqslant i < j \leqslant 4)$ 上的一对等距共轭点,根据等距共轭点定义（见 4.2 节定义 2.2）及 $B_{34} = (0:0:z:w)$ 可知

$$A_3B_{34} : B_{34}A_4 = A_4B'_{34} : B'_{34}A_3 = w:z$$

则点 B'_{34} 的重心坐标是

$$B'_{34} = (0:0:w:z) = (0:0:\frac{1}{z}:\frac{1}{w})$$

同理可知诸点 B'_{ij} 的重心坐标为

$$B'_{34} = (0:0:\frac{1}{z}:\frac{1}{w}),B'_{24} = (0:\frac{1}{y}:0:\frac{1}{w}),B'_{23} = (0:\frac{1}{y}:\frac{1}{z}:0)$$

$$B'_{12} = (\frac{1}{x}:\frac{1}{y}:0:0),B'_{13} = (\frac{1}{x}:0:\frac{1}{z}:0),B'_{14} = (\frac{1}{x}:0:0:\frac{1}{w})$$

根据定理 2.3 知,诸平面 $\pi'_{ij}(1 \leqslant i < j \leqslant 4)$ 交于一点 $Q = (\frac{1}{x}:\frac{1}{y}:\frac{1}{z}:\frac{1}{w})$.

（ⅱ）若 B_{ij},B'_{ij} 是棱 $A_iA_j(1 \leqslant i < j \leqslant 4)$ 上的一对等角共轭点,即 π_{ij},π'_{ij} 为自 A_iA_j 的对棱引出的一对等角面（见 4.3 节定义 3.3）. 我们需要利用四面体等角面的下述性质（见 4.3 节定理 3.3）:"从四面体的一条棱引出的两个等角

面分对棱的比的乘积为定值,等于这条棱相邻两侧面面积的平方的比."[1]

以等角面 π_{34}, π'_{34} 为例,即有 $\dfrac{A_3 B_{34}}{B_{34} A_4} \cdot \dfrac{A_3 B'_{34}}{B'_{34} A_4} = \dfrac{S_4{}^2}{S_3{}^2}$.

因为 $B_{34} = (0:0:z:w)$,所以 $\dfrac{A_3 B_{34}}{B_{34} A_4} = \dfrac{w}{z}$,于是 $\dfrac{A_3 B'_{34}}{B'_{34} A_4} = \dfrac{S_4{}^2}{S_3{}^2} \cdot \dfrac{z}{w}$.

则 $B'_{34} = (0:0:S_3{}^2 w:S_4{}^2 z) = (0:0:\dfrac{S_3{}^2}{z}:\dfrac{S_4{}^2}{w})$.

同理可知诸点 B'_{ij} 的重心坐标为

$$B'_{34} = (0:0:\dfrac{S_3{}^2}{z}:\dfrac{S_4{}^2}{w})$$

$$B'_{24} = (0:\dfrac{S_2{}^2}{y}:0:\dfrac{S_4{}^2}{w})$$

$$B'_{23} = (0:\dfrac{S_2{}^2}{y}:\dfrac{S_3{}^2}{z}:0)$$

$$B'_{12} = (\dfrac{S_1{}^2}{x}:\dfrac{S_2{}^2}{y}:0:0)$$

$$B'_{13} = (\dfrac{S_1{}^2}{x}:0:\dfrac{S_3{}^2}{z}:0)$$

$$B'_{14} = (\dfrac{S_1{}^2}{x}:0:0:\dfrac{S_4{}^2}{w})$$

根据定理2.3知,诸平面 π'_{ij}($1 \leqslant i < j \leqslant 4$)交于一点 $Q = (\dfrac{S_1{}^2}{x}:\dfrac{S_2{}^2}{y}:\dfrac{S_3{}^2}{z}:$

$\dfrac{S_4{}^2}{w})$. 证毕.

应用定理2.3,上面的证法仅需通过计算诸点的重心坐标来证明诸面共点,体现了解析法的特点,与4.3节中的几何证法相比,则各有所长.

但必须特别说明的是,上面的证法要求 x, y, z, w 均为非零实数,因此命题3.2中限定 B_{ij}, B'_{ij} 非四面体顶点(从而 π_{ij}, π'_{ij} 非四面体侧面)是必不可少的.这是因为当某些点 B_{ij} 为四面体顶点时,B_{ij} 的重心坐标就有 3 个坐标分量为 0,势必导致上述证法中某些点的重心坐标无意义或不存在(笔者在《四面体的等

---

[1] 曾建国. 四面体的等角共轭点性质初探[J]. 数学通报, 2012(4):60 – 63.

角共轭点性质初探》①中已说明在此类特殊情形下命题 3.2 不成立).因此我们讨论四面体的等距共轭点及等角共轭点均不包括四面体各侧面上的点(从而保证了其重心坐标各分量都不为 0).

推论 3.1   设 $P = (x:y:z:w)$ 为坐标四面体 $A_1A_2A_3A_4$ 所在空间一点(x, y,z,w 均为非零实数),则 P 的等距共轭点 Q、等角共轭点 Q' 的重心坐标分别为

$$Q = \left(\frac{1}{x} : \frac{1}{y} : \frac{1}{z} : \frac{1}{w}\right), Q' = \left(\frac{S_1^2}{x} : \frac{S_2^2}{y} : \frac{S_3^2}{z} : \frac{S_4^2}{w}\right)$$

根据命题 1.7(例 3.2)、定理 3.2 容易验证:四面体的内心、旁心与它的等角共轭点是同一点.考察四面体其他特征点的等距共轭点(等角共轭点),我们还可以发掘出四面体的一些新的特征点及其重心坐标.例如,根据推论 3.1 我们可得四面体的共轭重心(四面体重心 $G = (1:1:1:1)$ 的等角共轭点,见 4.4 节)的重心坐标.

推论 3.2   坐标四面体 $A_1A_2A_3A_4$ 的共轭重心为 $K = (S_1^2 : S_2^2 : S_3^2 : S_4^2)$.

与 $\triangle ABC$(三边为 a,b,c)的共轭重心坐标 $K = (a^2 : b^2 : c^2)$ 十分相似.

2   重心坐标在四面体共面问题中的应用

在 7.1 节中介绍了下述结论:

推论 1.4   重心坐标系 $A_1A_2A_3A_4$ 中四点 $M_i = (x_i : y_i : z_i : w_i)(i = 1,2,$ $3,4)$ 共面的充要条件是

$$\begin{vmatrix} x_1 & y_1 & z_1 & w_1 \\ x_2 & y_2 & z_2 & w_2 \\ x_3 & y_3 & z_3 & w_3 \\ x_4 & y_4 & z_4 & w_4 \end{vmatrix} = 0 \tag{3.2}$$

这是证明坐标四面体 $A_1A_2A_3A_4$ 所在空间的四点共面的重要依据.

当四点依次在四面体 $A_1A_2A_3A_4$ 中某一空间四边形的各边上时,上述四点共面的充要条件与空间四边形梅涅劳斯定理(见 1.1 节定理 1.2)本质上是一致的.

设棱 A_iA_j 所在直线上一点为 $B_{ij}(1 \leqslant i < j \leqslant 4)$,设 $B_{12},B_{23},B_{34},B_{14}$ 的重心坐标依次为 $(x_i : y_i : z_i : w_i)(i = 1,2,3,4)$,则 $B_{12},B_{23},B_{34},B_{14}$ 共面的充要条件为式(3.2).注意到 B_{ij} 的重心坐标仅与 B_{ij} 分棱 A_iA_j 所成的比有关,此时式(3.2)与空间四边形梅涅劳斯定理中的 $\frac{A_1B_{12}}{B_{12}A_2} \cdot \frac{A_2B_{23}}{B_{23}A_3} \cdot \frac{A_3B_{34}}{B_{34}A_4} \cdot \frac{A_4B_{14}}{B_{14}A_1} = 1$ 是一致的(读者可自行验证).

---

① 曾建国.四面体的等角共轭点性质初探[J].数学通报,2012(4):60 – 63.

下面举例说明重心坐标法在有关四面体中的四点共面问题中的应用.

应用例 3.3 中求得的重心坐标,可以证明:

例 3.5   若四面体 $A_1A_2A_3A_4$ 有棱切球,设棱切球与侧棱 A_iA_j 切于点 B_{ij}($1 \leqslant i < j \leqslant 4$),则 B_{12},B_{23},B_{34},B_{14} 共面.

证明:参照例 3.3 的方法可求得 B_{12},B_{23},B_{34},B_{14} 的重心坐标为

$$B_{12} = (b:a:0:0), B_{23} = (0:c:b:0)$$
$$B_{34} = (0:0:d:c), B_{14} = (d:0:0:a)$$

经过简单的运算可得

$$\begin{vmatrix} b & a & 0 & 0 \\ 0 & c & b & 0 \\ 0 & 0 & d & c \\ d & 0 & 0 & a \end{vmatrix} = 0$$

由推论 1.4 知 B_{12},B_{23},B_{34},B_{14} 共面. 证毕.

此例的结论显然也可以根据四面体中四点共面与四面共点的等价关系(1.3 节定理 3.3)及例 3.3 的结论推出.

下面的四点共面问题就不是空间四边形边上的四点了.

例 3.6[1][2]   如图 3.2,已知 D,E,F 分别是三棱锥 $P - ABC$ 的棱 PA,PB,PC 上的点,则平面 DEF 经过三棱锥 $P - ABC$ 的重心 G 的充要条件是 $\dfrac{AD}{DP} + \dfrac{BE}{EP} + \dfrac{CF}{FP} = 1$.

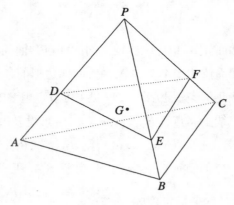

图 3.2

①   孙迪青. 一个三角形重心向量性质的空间拓广[J]. 数学通讯,2006(1):13.
②   曾建国. 三角形与三棱锥的重心向量性质的逆定理[J]. 数学通讯,2007(13):15.

证明:以 $PABC$ 为坐标四面体,设 $\dfrac{AD}{DP} = \lambda_1, \dfrac{BE}{EP} = \lambda_2, \dfrac{CF}{FP} = \lambda_3.$ 则 D,E,F,G 的重心坐标分别为

$$D = (\lambda_1 : 1 : 0 : 0), E = (\lambda_2 : 0 : 1 : 0)$$

$$F = (\lambda_3 : 0 : 0 : 1), G = (1 : 1 : 1 : 1)$$

由推论 1.4 知,D,E,F,G 共面的充要条件是

$$\begin{vmatrix} 1 & 1 & 1 & 1 \\ \lambda_1 & 1 & 0 & 0 \\ \lambda_2 & 0 & 1 & 0 \\ \lambda_3 & 0 & 0 & 1 \end{vmatrix} = 0$$

即 $\lambda_1 + \lambda_2 + \lambda_3 = 1$,也就是 $\dfrac{AD}{DP} + \dfrac{BE}{EP} + \dfrac{CF}{FP} = 1.$ 证毕.

应用完全类似于例 3.6 的方法可得:

定理 3.3   已知 D,E,F 分别是三棱锥 $P - ABC$ 的棱 PA, PB, PC 上的点,则平面 DEF 经过任一给定点 $M = (x : y : z : w)$ 的充要条件是

$$\begin{vmatrix} x & y & z & w \\ \lambda_1 & 1 & 0 & 0 \\ \lambda_2 & 0 & 1 & 0 \\ \lambda_3 & 0 & 0 & 1 \end{vmatrix} = 0$$

也就是 $x = \lambda_1 y + \lambda_2 z + \lambda_3 w.$

根据这个定理及四面体各特征点的重心坐标,我们可以得到四面体的截面经过其内心、旁心、界心、共轭重心等特殊点的充要条件,这里不再赘述.

第 2 篇

四面体的共球点问题

在三角形几何学中,除了共点线、共线点命题,还有一些共圆点命题也同样引人入胜,由此形成有名的圆也是数不胜数,如:三角形的九点圆(又称欧拉圆、费尔巴哈(Feuerbach)圆、庞斯莱圆)[①]、莱莫恩圆、余弦圆(第二莱莫恩圆)、密克圆、垂足圆、塔克(Tucker)圆、泰勒(Taylor)圆、阿波罗尼斯(Apollonius)圆、杜洛斯—凡利(Droz-Farny)圆、纽伯格(Neuberg)圆、舒特(Schoute)圆、布洛卡(H. Brocard)圆、哈格(Hagge)圆、斯俾克圆、夫尔曼(Fuhrmann)圆[②]……正是这些奇妙的共圆点命题使得三角形几何学更加丰富多彩.

与三角形有关圆的性质有些已经推广至四面体中,例如四面体的外接球、内切球.在第 5 章还介绍了四面体的旁切球、棱切球概念.但是,如上所述,三角形中有名的圆琳琅满目,这些共圆点性质有些也可以类比推广至四面体中,本篇将回顾近年来的此类推广研究,介绍四面体中有关共球点的性质及一些特殊球面.

---

① 沈康身.数学的魅力(一)[M].上海:上海辞书出版社,2004:268-280.
② R. A.约翰逊,著.单墫,译.近代欧氏几何学[M].上海:上海教育出版社,1999.

第8章　四面体的戴维斯定理与多圆共球定理

　　三角形中有几个有名的六点共圆定理:哈格定理[1]、杜洛斯—凡利圆定理[1]和戴维斯定理[2].本章将这几个定理引申推广至四面体中.

　　三角形戴维斯定理在平面几何中常用于证明共圆点问题[3].注意到三角形戴维斯定理的证明需用到两圆的根轴概念及根心定理,类比其证法,我们须先将两圆的根轴概念及根心定理引申推广至三维空间,引入两球的根轴面概念并证明根心定理,然后再将三角形戴维斯定理类比推广至三维空间,证明四面体的戴维斯定理.

8.1　两球的根轴面与根心定理[4]

1　有关概念

平面几何中,两圆的根轴(或等幂轴)是大家熟知的概念.

根据圆幂定理有如下定义:

定义 1.1[5]　点 P 对半径为 R 的圆 O 的幂等于 $OP^2 - R^2$.

由下面的性质可得两圆的根轴概念:

命题 1.1[1][5]　对于两已知圆(不同心)有等幂的点的轨迹,是一条垂直于连心线的直线.

定义 1.2[1][6]　将命题 1.1 中这条垂直于连心线的直线称为两圆的根轴(或等幂轴).

　　特别地,当两圆相交(相切)时,其根轴就是两圆的公共弦所在的直线(切

①　R. A. 约翰逊,著. 单墫,译. 近代欧氏几何学[M]. 上海:上海教育出版社,1999.
②　《数学辞海》编辑委员会. 数学辞海(第一卷)[M]. 北京:中国科学技术出版社,2002:178.
③　沈文选. 戴维斯定理及应用[J]. 中等数学,2014(2):2-5.
④　曾建国. 两球的根轴面与根心定理[J]. 中学数学教学,2022(3):75-76.
⑤　沈文选. 根轴的性质及应用[J]. 中等数学,2004(1):6-10.
⑥　谢兆帅. 球幂定理——将平面中的圆幂定理推广到立体几何中[J]. 数学学习与研究,2015(7):102.

点处的公切线).

关于根轴有下面被称为根心定理的结论①②(图1.1).

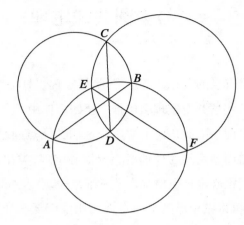

图 1.1

命题1.2(根心定理) 平面上有三个圆,当三个圆心不共线时,其两两的根轴交于一点;当三个圆心共线时,其两两的根轴互相平行.

将圆幂概念及圆幂定理推广至三维空间,可以建立球幂概念以及完全类似于圆幂定理的结论.

命题1.3(球幂定理)②③ 过空间一点 P 作球面的两条割线(或切线)分别交球面于 A,B 与 C,D,则有 $PA \cdot PB = PC \cdot PD$.

设球 O 的半径为 R,从球外一点 P 作球面的切线 PT(T 为切点),则上述乘积为 $PA \cdot PB = PT^2 = OP^2 - R^2$. 据此,可将球幂定义为:

定义1.3③ 一点 P 对半径为 R 的球 O 的幂为 $OP^2 - R^2$.

按此定义可知③:若点 P 在球内,则该点的球幂为负;P 在球上,球幂为零;P 在球外,球幂为正.

在此基础上可进一步将根轴概念及根心定理类比推广至三维空间.

2 两球的根轴面

关于两个球有下面的结论:

① R.A.约翰逊,著.单墫,译.近代欧氏几何学[M].上海:上海教育出版社,1999.
② 谢兆帅.球幂定理 —— 将平面中的圆幂定理推广到立体几何中[J].数学学习与研究;2015(7):102.
③ 曾建国.几个常见平面几何定理的空间推广[J].数学爱好者(高考版),2008(11):42 – 43.

定理 1.1 对于两已知球(不同心)有等幂的点的轨迹,是一个垂直于连心线的平面.

证明:如图 1.2,设已知两球的球心分别为 O_1,O_2,半径分别为 R,$r(R \geqslant r)$,设点 P 到球 O_1,O_2 的幂相等,即有

$$O_1P^2 - R^2 = O_2P^2 - r^2$$

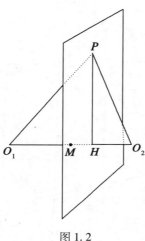

图 1.2

过点 P 作 $PH \perp O_1O_2$,垂足为 H,设 O_1O_2 的中点为 M,则由上式可得

$$R^2 - r^2 = O_1H^2 - O_2H^2 = (O_1H + O_2H)(O_1H - O_2H) = O_1O_2 \cdot 2MH$$

则 $MH = \dfrac{R^2 - r^2}{2O_1O_2}$(定值).表明 H 为 O_1O_2 上的定点,即点 P 在过点 H 且与 O_1O_2 垂直的平面内.反之,与 O_1O_2 垂直相交于点 H 的平面内任一点对球 O_1,O_2 的幂相等.证毕.

定义 1.4 将定理 1.1 中这个垂直连心线的平面称为两球的根轴面(或等幂轴面).

特别地(证略),有:

推论 1.1 当两球面相交(相切)时,其根轴面就是两球面交线圆所在的平面(切点处的公切面).同心的两球不存在根轴面.

在解析几何中,容易验证,将两球面方程 $x^2 + y^2 + z^2 + a_ix + b_iy + c_iz + d_i = 0(i = 1,2)$ 相减即可得到它们的根轴面方程,这与平面内求两圆根轴的方法类似.

3　球的根心定理

将命题 1.2(根心定理)类比推广至三维空间,就有:

定理 1.2(球的根心定理)　空间有三个球,当三个球心不共线时,其两两的根轴面相交于一直线;当三个球心共线时,其两两的根轴面互相平行.

证明:设三个球心分别为 O_1,O_2,O_3,其两两的根轴面分别记为 π_{12},π_{23}, π_{13}(图 1.3).

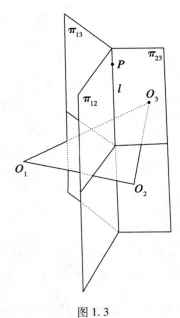

图 1.3

若 O_1,O_2,O_3 共线,由定理 1.1 知,三个根轴面 $\pi_{12},\pi_{23},\pi_{13}$ 均垂直于同一直线 $O_1O_2O_3$,于是它们互相平行.

若 O_1,O_2,O_3 不共线,则三个根轴面互不平行.

设 π_{12},π_{23} 相交于直线 l,我们来证明 π_{13} 也经过直线 l.

设 P 是直线 l 上任一点,则由 $P \in$ 平面 π_{12} 及定义 1.4,定理 1.1 知,P 对球 O_1,O_2 的幂相等,由 $P \in$ 平面 π_{23} 同理可得,P 对球 O_2,O_3 的幂相等,于是 P 对球 O_1,O_3 的幂相等,由定理 1.1 知 $P \in$ 平面 π_{13}.

直线 l 上任一点都在平面 π_{13} 上,表明平面 π_{13} 经过直线 l,故三个根轴面 $\pi_{12},\pi_{23},\pi_{13}$ 交于直线 l.证毕.

8.2　四面体的戴维斯定理[①]

三角形戴维斯定理是指下面的六点共圆命题:

命题 2.1[②]　三角形的每边所在直线上有一对点(可以重合),若每两对点在同一圆上,则三对点(六点)都在同一圆上(若题设中的圆与该线相切,则为重合的一对点).

运用三圆的根心定理很容易证明命题 2.1.

证明:题设中每两对点(四点)共圆,只需证明这三个圆中有两个圆相同就行.

假设它们是三个不同的圆,由于每两个圆交于三角形同一边上两点,此边所在直线就是这两个圆的根轴,根据三圆的根心定理(命题 2.1)可知,三条根轴必交于一点或互相平行,这显然不可能. 证毕.

我们应用球的根心定理,可将三角形中的戴维斯定理推广至四面体中,即有下面定理.

定理 2.1(**四面体戴维斯定理**)　四面体的每条棱所在直线上有一对点(可以重合),若每个顶点发出的三条棱上的三对点同在一球面上,则六对点(12 个点)都在同一球面上(若题设中的圆与某直线相切,则该线上一对点重合为一点).

证明:如图 2.1,设四面体 $A_1A_2A_3A_4$ 的棱 A_iA_j 所在直线上的一对点为 B_{ij}, $B'_{ij}(1 \leqslant i < j \leqslant 4)$.

依题设知,自顶点 A_i 发出的三条棱上的三对点同在一个球面上,设此球心为 $O_i(i = 1,2,3,4)$. 则四面体 $A_1A_2A_3A_4$ 每个侧面三角形三边上的三对点中,每两对点在同一个圆(该侧面与相应球面的交线圆)上. 根据三角形戴维斯定理可知每个侧面三角形三边上的三对点(六个点)都分别在同一圆上. (*)

先证明四个球心 O_1,O_2,O_3,O_4 中必有两点重合,用反证法.

假设 O_1,O_2,O_3,O_4 是相异的四点,则因球 O_1,O_2 经过棱 A_1A_2 上一对点 B_{12}, B'_{12},根据推论 1.1 可知,球 O_1,O_2 的根轴面经过直线 A_1A_2.

———————————

①　曾建国. 两球的根轴面与根心定理[J]. 中学数学教学,2022(3):75 – 76.

②　《数学辞海》编辑委员会. 数学辞海(第一卷)[M]. 北京:中国科学技术出版社,2002:178.

同理可证,球 O_2,O_3 的根轴面经过直线 A_2A_3;球 O_1,O_3 的根轴面经过直线 A_1A_3.

根据定理 1.2 知,三个不同心的球面,其两两的根轴面(三个平面)交于一直线或互相平行. 但分别经过 $\triangle A_1A_2A_3$ 三边的三个平面显然不可能交于一直线或互相平行,矛盾!

由上可知,球心 O_1,O_2,O_3,O_4 中必有两点重合. 进而可以证明这四个球面重合为一个球面,即题设中的六对点(十二个点)共球面.

事实上,我们不妨设 O_1,O_2 重合,则球面 O_1 经过了四面体 $A_1A_2A_3A_4$ 中除 A_3A_4 外的其余五条棱上的五对点(十个点). 下面证明球面 O_1 也经过 A_3A_4 上的一对点 B_{34},B'_{34}.

作 $O_1H \perp$ 平面 $A_1A_3A_4$ 于 H,因为球面 O_1(半径设为 R_1)经过 B_{13},B'_{13},B_{14},B'_{14},则 $O_1B_{13} = O_1B'_{13} = O_1B_{14} = O_1B'_{14} = R_1$,因此有 $HB_{13} = HB'_{13} = HB_{14} = HB'_{14}$. 即 B_{13},B'_{13},B_{14},B'_{14} 四点共圆,圆心为 H,半径为 R_1.

根据前面的证明($*$)知:B_{13},B'_{13},B_{14},B'_{14},B_{34},B'_{34} 这 6 点共圆. 因此点 H 就是这个圆的圆心. 于是 $HB_{34} = HB'_{34} = HB_{13}$,则 $O_1B_{34} = O_1B'_{34} = R_1$,即球面 O_1 经过点 B_{34},B'_{34}.

这就证明了题设中的六对点(十二个点)都在球面 O_1 上(四个球面重合). 证毕.

众所周知,根轴及根心定理在平面几何中应用广泛,可以预见,球面的根轴面及球面根心定理必定也会有一些应用.

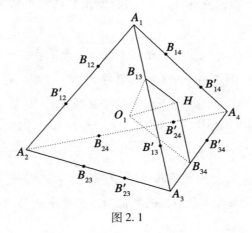

图 2.1

8.3　垂心四面体的哈格定理[①]

1908 年,德国数学家哈格证明了三角形中一组六点共圆定理,其中之一是:

三角形哈格定理　[②] 从三角形的顶点到对边引共点的线段,以它们为直径作圆;过三角形的垂心作这些线的垂线,与相应的圆相交,所得的六个交点共圆,且圆心就是共点线的公共点.

将三角形哈格定理推广至三维空间,可得到关于垂心四面体的一个四圆共球定理:

定理 3.1　设垂心四面体 $A_1A_2A_3A_4$ 的垂心 H 在四面体内部,从顶点 A_i 到所对面 Δ_i 引线段 $A_iB_i(i=1,2,3,4)$,四条线段交于一点 P. 以线段 A_iB_i 为直径作球面 S_i,过 H 作平面与线段 A_iB_i 垂直,且与球面 S_i 相交于 $\odot O_i$,则所得的四个 $\odot O_i(i=1,2,3,4)$ 在同一个球面上,此球面的球心就是点 P.

注:所谓一个圆在某个球面上,是指这个圆上所有的点都在该球面上.

定理 3.1 的证明需要下面的引理:

引理 3.1　设垂心四面体 $A_1A_2A_3A_4$ 的四条高 $A_1H_1,A_2H_2,A_3H_3,A_4H_4$ 交于垂心 H,则 $A_1H \cdot HH_1 = A_2H \cdot HH_2 = A_3H \cdot HH_3 = A_4H \cdot HH_4$.

证明:如图 3.1,因为高 A_1H_1,A_2H_2 相交于一点 H,设它们确定的平面交 A_3A_4 于 D,则在 $\triangle A_1A_2D$ 中,由 $A_1H_1 \perp A_2D$ 及 $A_2H_2 \perp A_1D$ 可知,A_1,A_2,H_1,H_2 四点共圆. 根据圆幂定理知 $A_1H \cdot HH_1 = A_2H \cdot HH_2$.

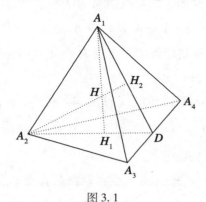

图 3.1

① 曾建国. Hagge 定理的空间推广[J]. 中学数学研究,2014(5):47.

② R. A. 约翰逊,著. 单墫,译. 近代欧氏几何学[M]. 上海:上海教育出版社,1999:156 − 157.

同理可证, $A_1H \cdot HH_1 = A_2H \cdot HH_2 = A_3H \cdot HH_3 = A_4H \cdot HH_4$. 命题得证.

定理 3.1 的证明:依题设知,球面 S_i 的直径 A_iB_i 与截面圆 $\odot O_i (i = 1,2,3,4)$ 垂直,故 $\odot O_i$ 上任一点到点 P(在直径 A_iB_i 上)的距离都相等,设为 r_i. 因此,欲证四个圆 $\odot O_i (i = 1,2,3,4)$ 在以点 P 为球心的同一球面上,只需证 $r_1 = r_2 = r_3 = r_4$.

如图 3.2,我们考察截面圆 $\odot O_1$.

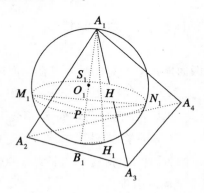

图 3.2

依题设,四面体 $A_1A_2A_3A_4$ 的垂心 H 在其内部,故 H 在高 A_1H_1 上(而不是高的延长线上),由于 $A_1H_1 \perp$ 面 $A_2A_3A_4$,所以 $A_1H_1 \perp B_1H_1$,而 A_1B_1 是球面 S_1 的直径,因此点 H_1 在球面 S_1 上.

设过点 H_1 的球面 S_1 的大圆与截面圆 $\odot O_1$ 交于 M_1, N_1,则 M_1N_1 是 $\odot O_1$ 的直径,且 H 在线段 M_1N_1 上(不妨设 H 在 O_1N_1 上).

注意到 A_1B_1 垂直于截面圆 O_1,而点 P 在 A_1B_1 上,则 $PO_1 \perp M_1N_1$,由图 3.2 并根据勾股定理可得

$$r_1{}^2 = PM_1{}^2 = PN_1{}^2 = PO_1{}^2 + O_1N_1{}^2 = PH^2 - O_1H^2 + O_1N_1{}^2$$
$$= PH^2 + (O_1N_1 + O_1H)(O_1N_1 - O_1H) = PH^2 + M_1H \cdot HN_1 \quad (3.1)$$

(H 在 O_1M_1 上时结论也成立)

注意到 A_1H_1, M_1N_1 是球面 S_1 大圆的两条弦且交于点 H,由相交弦定理知,$M_1H \cdot HN_1 = A_1H \cdot HH_1$,代入式(3.1)就得 $r_1{}^2 = PH^2 + A_1H \cdot HH_1$.

同理可证: $r_2{}^2 = PH^2 + A_2H \cdot HH_2$, $r_3{}^2 = PH^2 + A_3H \cdot HH_3$, $r_4{}^2 = PH^2 + A_4H \cdot HH_4$.

根据引理 3.1 知,$A_1H \cdot HH_1 = A_2H \cdot HH_2 = A_3H \cdot HH_3 = A_4H \cdot HH_4$.
所以 $r_1{}^2 = r_2{}^2 = r_3{}^2 = r_4{}^2$,即 $r_1 = r_2 = r_3 = r_4$. 命题得证.

8.4 四面体的杜洛斯 — 凡利球面

1 三角形的杜洛斯 — 凡利圆

关于三角形的杜洛斯 — 凡利圆[①]的性质包括下面一组六点共圆命题.

命题 4.1 在三角形中,以各顶点为圆心,画相等的圆,与邻边中点的连线相交,则所得的六个交点在一个以垂心为圆心的圆上.

命题 4.2 在三角形中,以各边的中点为圆心,作通过垂心的圆,与这条边相交,则这样得到的六个交点在同一个圆上,圆心是这三角形的外心.

命题 4.3 在三角形中,以高的垂足为圆心,作通过外心的圆,与垂足所在的边相交,则这样得到的六个交点在同一个圆上,圆心是这三角形的垂心.

命题 4.2 与命题 4.3 中的两个圆相等,半径为[①] $R_0 = \sqrt{5R^2 - \dfrac{1}{2}(a^2 + b^2 + c^2)}$.

其中 a, b, c 为三角形三边长,R 为外接圆半径.

在命题 4.1 中,当以各顶点为圆心所画圆的半径恰等于外接圆半径 R 时,

可以证明[①],六点圆的半径也等于 $\sqrt{5R^2 - \dfrac{1}{2}(a^2 + b^2 + c^2)}$. 此时命题 4.1 与命题 4.3 中的六点圆是同一个圆,由此可得三角形中一个十二点共圆的命题(图 4.1).

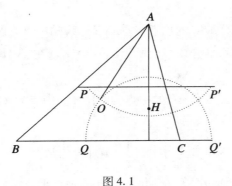

图 4.1

---

① R. A. 约翰逊,著. 单墫,译. 近代欧氏几何学[M]. 上海:上海教育出版社,1999:225 – 226.

推论 4.1① 设 $\triangle ABC$ 三边长为 a,b,c,外接圆半径为 R,则以垂心 H 为圆心

$$R_0 = \sqrt{5R^2 - \frac{1}{2}(a^2 + b^2 + c^2)}$$

为半径的圆,经过十二个特殊点,每条边上两个,每条中位线上两个.

为确定起见,我们将推论4.1中这个圆称为 $\triangle ABC$ 的杜洛斯 — 凡利圆,即有:

定义 4.1 设 $\triangle ABC$ 三边长为 a,b,c,外接圆半径为 R,则以垂心 H 为圆心

$$R_0 = \sqrt{5R^2 - \frac{1}{2}(a^2 + b^2 + c^2)}$$

为半径的圆(记作 $\odot(H, R_0)$)称为 $\triangle ABC$ 的杜洛斯 — 凡利圆.

有趣的是,$\odot(H, R_0)$ 除了经过推论4.1中十二个点,还经过另外六个特殊点,即有(图4.2,沿用推论4.1的记号):

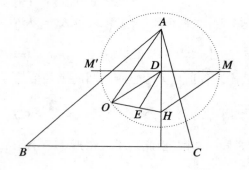

图 4.2

命题 4.4② 以 $\triangle ABC$ 的顶点与垂心 H 连线的中点为圆心作通过外心 O 的圆,与上述连线的垂直平分线相交所得的六个交点在 $\triangle ABC$ 的杜洛斯 – 凡利圆上.

证明:如图4.2,设线段 AH 的中点为 D,OH 的中点为 E(九点圆心),则显然有

$$|DE| = \frac{1}{2}|AO| = \frac{1}{2}R$$

设以 D 为圆心、通过外心 O 的圆与 AH 的垂直平分线的交点为 M,M',则根

---

① R. A. 约翰逊,著. 单墫,译. 近代欧氏几何学[M].上海:上海教育出版社,1999:225 – 226.
② 曾建国.三角形的十八点共圆定理[J].中学数学,2005(12):35.

据三角形中线定理可得

$$MH^2 = M'H^2 = DH^2 + DM^2 = DH^2 + DO^2$$

$$= \frac{1}{2}\left[(2DE)^2 + OH^2 \right] = \frac{1}{2}(R^2 + OH^2)$$

利用三角形中熟知的结论[1] $OH^2 = 9R^2 - (a^2 + b^2 + c^2)$ 可得

$$MH = M'H = \sqrt{5R^2 - \frac{1}{2}(a^2 + b^2 + c^2)} = R_0$$

这就证明了 M, M' 在以垂心 H 为圆心、$R_0 = \sqrt{5R^2 - \frac{1}{2}(a^2 + b^2 + c^2)}$ 为半径的圆(即 $\triangle ABC$ 的杜洛斯 — 凡利圆) $\odot(H, R_0)$ 上. 同理可证其余 4 点也在此圆上. 证毕.

综合推论 4.1 及命题 4.4 可知,三角形的杜洛斯 — 凡利圆经过十八个特殊点,即:

推论 4.2[2] 设 $\triangle ABC$ 内接于 $\odot(O, R)$,其垂心为 H,则 $\triangle ABC$ 的杜洛斯 — 凡利圆经过十八个特殊点,即:

(ⅰ)以 $\triangle ABC$ 的顶点为圆心、R 为半径画圆,与邻边中点的连线相交所得的六个交点;

(ⅱ)以 $\triangle ABC$ 的高的垂足为圆心、通过外心 O 的圆,与垂足所在的边相交所得的六个交点;

(ⅲ)以 $\triangle ABC$ 的顶点与垂心 H 的连线的中点为圆心、通过外心 O 的圆,与上述连线的垂直平分线相交所得的六个交点.

本节将三角形杜洛斯 — 凡利圆的概念和性质引申推广至三维空间,建立一般四面体的杜洛斯 — 凡利球面概念并研究它的性质.

2 四面体的杜洛斯 — 凡利球面

由于垂心是垂心四面体特有的概念(四条高交于一点),而一般四面体没有垂心. 因此,本节须先将三角形的垂心类比至一般四面体的伪垂心[3],进而得到一般四面体的杜洛斯 — 凡利球面概念,并研究其若干性质. 为此,我们还需

---

[1] R. A. 约翰逊,著.单墫,译. 近代欧氏几何学[M]. 上海:上海教育出版社,1999:141 – 151.

[2] 曾建国. 三角形的十八点共圆定理[J]. 中学数学,2005(12):35.

[3] 见 3.1 节定义 1.4.

要引入四面体侧面的欧拉球面概念[①].

定义 4.2　设四面体 $A_1A_2A_3A_4$ 的外接球面为 $S(O,R)$,若点 E_j 满足

$$\overrightarrow{OE_j} = \frac{1}{2}\left(\sum_{i=1}^{4} \overrightarrow{OA_i} - \overrightarrow{OA_j} \right) \tag{4.1}$$

则以点 E_j 为球心、$\dfrac{R}{2}$ 为半径的球面,称为侧面 Δ_j 的欧拉球面,记作 $S\left(E_j, \dfrac{R}{2}\right)$ $(j = 1,2,3,4)$.

命题 4.2 可引申推广为(图 4.3):

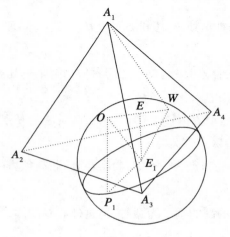

图 4.3

定理 4.1　设四面体 $A_1A_2A_3A_4$ 的外接球面为 $S(O,R)$,其伪垂心为 W,侧面 Δ_j 的欧拉球心为 $E_j(j = 1,2,3,4)$.过点 E_j 作平面 π_j 与直线 A_jW 垂直,若以 E_j 为球心,作球面经过点 W,与平面 π_j 相交所得交线为(大圆)$\odot E_j(j = 1,2,3,4)$,则四个圆 $\odot E_j(j = 1,2,3,4)$ 在同一个球面上,这个球面的球心为 O,半径为

$$R_0 = \sqrt{\frac{1}{2}\left(17R^2 - \sum_{1 \leqslant i < j \leqslant 4} A_iA_j^2\right)}$$

证明:设 P_j 是 $\odot E_j$ 上任一点,要证明 $\odot E_j$ 在球面 $S(O,R_0)$ 上,只需证明如下等式成立就行了

$$OP_j^2 = R_0^2 = \frac{1}{2}\left(17R^2 - \sum_{1 \leqslant i < j \leqslant 4} A_iA_j^2\right) \tag{4.2}$$

① 熊曾润. 四面体的欧拉球面及其性质[M] // 杨学枝. 中国初等数学研究(2009 卷). 哈尔滨:哈尔滨工业大学出版社,2009:40 – 43.

根据四面体伪垂心的定义(3.1 节定义1.4) 知

$$\overrightarrow{OW} = \sum_{i=1}^{4} \overrightarrow{OA_i} \tag{4.3}$$

则

$$\overrightarrow{A_jW} = \overrightarrow{OW} - \overrightarrow{OA_j} = \sum_{i=1}^{4} \overrightarrow{OA_i} - \overrightarrow{OA_j} \tag{4.4}$$

对照(4.1)与(4.4)两式可知$\overrightarrow{A_jW} = 2\overrightarrow{OE_j}$,表明 $A_jW \parallel OE_j$.

依题设知,$A_jW \perp$ 平面 π_j,P_j 和 E_j 都是平面 π_j 内的点,因此有 $P_jE_j \perp OE_j$.

在 $\triangle OE_jP_j$ 中,根据勾股定理可得

$$OP_j^2 = E_jP_j^2 + E_jO^2 = E_jW^2 + E_jO^2 \tag{4.5}$$

设线段 OW 的中点为 E,根据3.1 节推论1.1 知:E 是四面体 $A_1A_2A_3A_4$ 的欧拉球心.

根据第9章9.1节定理1.2可知,点 E_j 在四面体 $A_1A_2A_3A_4$ 的欧拉球面 $S(E, \frac{R}{2})$ 上,即有 $|EE_j| = \frac{R}{2}$.

由三角形中线长公式可得

$$E_jW^2 + E_jO^2 = \frac{1}{2}\left[OW^2 + (2EE_j)^2\right] = \frac{1}{2}(OW^2 + R^2)$$

代入(4.5)得

$$OP_j^2 = \frac{1}{2}(R^2 + OW^2) \tag{4.6}$$

根据3.1 节定理1.11(4) 知

$$OW^2 = 16R^2 - \sum_{1 \le i < j \le 4} A_iA_j^2 \tag{4.7}$$

将(4.7)代入(4.6)就得(4.2).证毕.

命题4.3 可引申推广为(图4.4):

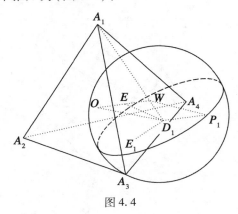

图 4.4

119

定理 4.2 设四面体 $A_1A_2A_3A_4$ 的外接球面为 $S(O,R)$,其伪垂心为 W,侧面 Δ_j 的欧拉球心为 $E_j(j=1,2,3,4)$. 过点 E_j 作平面 π_j 与直线 A_jW 垂直相交于 D_j,以 D_j 为球心,作球面经过外心 O,与平面 π_j 相交所得交线为(大圆)$\odot D_j(j=1,2,3,4)$,则四个圆 $\odot D_j(j=1,2,3,4)$ 在同一个球面上,这个球面的球心为 W,半径为

$$R_0 = \sqrt{\frac{1}{2}\left(17R^2 - \sum_{1\leqslant i<j\leqslant 4} A_iA_j{}^2\right)}$$

证明:要证 $\odot D_j$ 在球面 $S(W,R_0)$ 上,即要证 $\odot D_j$ 上任一点 P_j 在球面 $S(W,R_0)$ 上,只需证明如下等式成立就行了

$$WP_j{}^2 = R_0{}^2 = \frac{1}{2}\left(17R^2 - \sum_{1\leqslant i<j\leqslant 4} A_iA_j{}^2\right) \tag{4.8}$$

依题设,P_j 和 D_j 都是平面 π_j 上的点,而 $A_jW \perp$ 平面 π_j,因此 $WD_j \perp D_jP_j$. 在 $\triangle WD_jP_j$ 中,根据勾股定理可得

$$WP_j{}^2 = D_jP_j{}^2 + D_jW^2 = D_jO^2 + D_jW^2 \tag{4.9}$$

设四面体 $A_1A_2A_3A_4$ 的欧拉球心为 E,则 E 是线段 OW 的中点.

根据第 9 章 9.1 节定理 1.3 可知,点 D_j 在四面体 $A_1A_2A_3A_4$ 的欧拉球面 $S(E,\frac{R}{2})$ 上,即有 $|ED_j| = \frac{R}{2}$.

由三角形中线长公式可得

$$D_jO^2 + D_jW^2 = \frac{1}{2}\left[(2ED_j)^2 + OW^2\right] = \frac{1}{2}(R^2 + OW^2)$$

代入式(4.9)得

$$WP_j{}^2 = \frac{1}{2}(R^2 + OW^2) \tag{4.10}$$

将(4.7)代入(4.10)就得(4.8). 证毕.

命题 4.4 可引申推广为(图 4.5):

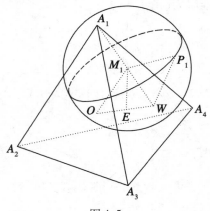

图 4.5

定理4.3 设四面体 $A_1A_2A_3A_4$ 的外接球面为 $S(O,R)$,其伪垂心为 W,以线段 A_jW 的中点 M_j 为球心,作球面通过外心 O,与 A_jW 的垂直平分面 π_j 相交,所得交线为(大圆)$\odot M_j(j=1,2,3,4)$,则四个圆 $\odot M_j(j=1,2,3,4)$ 在同一个球面上,这个球面的球心为 W,半径为

$$R_0 = \sqrt{\frac{1}{2}\left(17R^2 - \sum_{1 \leqslant i < j \leqslant 4} A_iA_j^2\right)}$$

证明:要证 $\odot M_j$ 在球面 $S(W,R_0)$ 上,即要证 $\odot M_j$ 上任一点 P_j 在球面 $S(W,R_0)$ 上,只需证明如下等式成立就行了

$$WP_j^2 = R_0^2 = \frac{1}{2}\left(17R^2 - \sum_{1 \leqslant i < j \leqslant 4} A_iA_j^2\right) \tag{4.11}$$

依题设,P_j 和 M_j 都是 A_jW 的垂直平分面 π_j 上的点,因此有 $WM_j \perp M_jP_j$. 在 $\triangle WM_jP_j$ 中,根据勾股定理可得

$$WP_j^2 = M_jP_j^2 + M_jW^2 = M_jO^2 + M_jW^2 \tag{4.12}$$

设四面体 $A_1A_2A_3A_4$ 的欧拉球心为 E,则 E 是线段 OW 的中点.

根据第 9 章 9.1 节定理 1.1 可知,点 M_j 在四面体 $A_1A_2A_3A_4$ 的欧拉球面 $S\left(E,\frac{R}{2}\right)$ 上,即有 $|EM_j| = \frac{R}{2}$.

由三角形中线长公式可得

$$M_jO^2 + M_jW^2 = \frac{1}{2}\left[(2EM_j)^2 + OW^2\right] = \frac{1}{2}(R^2 + OW^2)$$

代入式(4.12)得

$$WP_j^2 = \frac{1}{2}(R^2 + OW^2) \tag{4.13}$$

将(4.7)代入(4.13)就得(4.11).证毕.

综合定理 4.2 与定理 4.3 的结论就得:

定理4.4 设四面体 $A_1A_2A_3A_4$ 的外接球面为 $S(O,R)$,其伪垂心为 W,侧面 Δ_j 的欧拉球心为 $E_j(j=1,2,3,4)$. 则下列 8 个圆均在以 W 为球心、$R_0 = \sqrt{\frac{1}{2}\left(17R^2 - \sum_{1 \leqslant i < j \leqslant 4} A_iA_j^2\right)}$ 为半径的球面上,即:

(i)过点 E_j 作平面 π_j 与直线 A_jW 垂直相交于 D_j,以 D_j 为球心,作球面经过外心 O,与平面 π_j 相交得交线圆 $\odot D_j(j=1,2,3,4)$;

121

（ⅱ）以线段 A_jW 的中点 M_j 为球心,作球面通过外心 O,与 A_jW 的垂直平分面相交得交线圆 $\odot M_j(j = 1,2,3,4)$.

类比三角形杜洛斯—凡利圆的概念(定义4.1),我们不妨将定理4.4中的球面 $S(W,R_0)$ 称为四面体的杜洛斯—凡利球面,即:

定义4.3 设四面体 $A_1A_2A_3A_4$ 的外接球面为 $S(O,R)$,则以其伪垂心 W 为球心、$R_0 = \sqrt{\dfrac{1}{2}\left(17R^2 - \displaystyle\sum_{1\leqslant i<j\leqslant 4} A_iA_j{}^2\right)}\left(=\sqrt{\dfrac{1}{2}(R^2 + OW^2)}\right)$ 为半径的球面称为四面体 $A_1A_2A_3A_4$ 的杜洛斯—凡利球面.

3 四面体十二圆共球定理及七十二点共球定理

下面我们再证明四面体的杜洛斯—凡利球面还会经过另外4个特殊的圆,由此可得四面体十二圆共球定理及四面体七十二点共球定理.

定理4.5 设四面体 $A_1A_2A_3A_4$ 的外接球面为 $S(O,R)$,侧面 Δ_j 的欧拉球心为 $E_j(j = 1,2,3,4)$.经过三点 A_j,E_j,O 的平面 π_j 与球面 $S(O,R)$ 的交线为(大圆)$\odot_j(O,R)$,在平面 π_j 内作 OE_j 的垂线,交 $\odot_j(O,R)$ 于 B_j,C_j,则 $\triangle A_jB_jC_j$ $(j = 1,2,3,4)$ 的杜洛斯—凡利圆在四面体 $A_1A_2A_3A_4$ 的杜洛斯—凡利球面上.

证明:设四面体 $A_1A_2A_3A_4$ 的伪垂心为 W,由定理4.1的证明知 $A_jW \parallel OE_j$,则 W 也在平面 π_j 内,也即在 $\triangle A_jB_jC_j$ 所在平面内.下面证明 W 是 $\triangle A_jB_jC_j$ 的垂心.

如图4.6,设 $\triangle A_jB_jC_j$ 的垂心是 H_j,则①

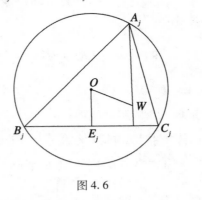

图4.6

$$\overrightarrow{OH_j} = \overrightarrow{OA_j} + \overrightarrow{OB_j} + \overrightarrow{OC_j} \tag{4.14}$$

---

① 参见3.1节(2.2 伪垂心与欧拉球心).

因为 $\triangle A_jB_jC_j$ 内接于 $\odot_j(O,R)$，而 $B_jC_j \perp OE_j$，则 E_j 是 B_jC_j 的中点.

注意到点 E_j 满足 (4.1)，则有

$$\overrightarrow{OB_j} + \overrightarrow{OC_j} = 2\,\overrightarrow{OE_j} = \sum_{i=1}^{4} \overrightarrow{OA_i} - \overrightarrow{OA_j} \qquad (4.15)$$

将 (4.15) 代入 (4.14)，就得

$$\overrightarrow{OH_j} = \sum_{i=1}^{4} \overrightarrow{OA_i} \qquad (4.16)$$

比较 (4.16) 与 (4.3) 两式，可知 $H_j(j=1,2,3,4)$ 与 W 重合.

根据定义 4.1 与定义 4.3 知，$\triangle A_jB_jC_j$ 的杜洛斯 — 凡利圆心 H_j 与四面体 $A_1A_2A_3A_4$ 的杜洛斯 — 凡利球心 W 是同一点.

又因为 $\triangle A_jB_jC_j$ 的杜洛斯 — 凡利圆的半径为 $\sqrt{\dfrac{1}{2}(R^2 + OH_j^2)}$（参照命题 4.4 的

证明）；四面体 $A_1A_2A_3A_4$ 的杜洛斯 — 凡利球面半径为 $\sqrt{\dfrac{1}{2}(R^2 + OW^2)}$（参照定

理 4.1 证明的式 (4.6)）. 今又证得 $H_j(j=1,2,3,4)$ 与 W 重合，所以 $\triangle A_jB_jC_j$ $(j=1,2,3,4)$ 的杜洛斯 — 凡利圆与四面体 $A_1A_2A_3A_4$ 的杜洛斯 — 凡利球面的半径相等.

这就表明，$\triangle A_jB_jC_j(j=1,2,3,4)$ 的杜洛斯 — 凡利圆是四面体 $A_1A_2A_3A_4$ 的杜洛斯 — 凡利球面的大圆，显然都在此球面上. 证毕.

综合定理 4.4 及定理 4.5 的结论可知：四面体中共有十二个圆在杜洛斯 — 凡利球面上，即有：

定理 4.6 设四面体 $A_1A_2A_3A_4$ 的外接球面为 $S(O,R)$，其伪垂心为 W，侧面 Δ_j 的欧拉球心为 $E_j(j=1,2,3,4)$. 则下列十二个圆均在四面体 $A_1A_2A_3A_4$ 的杜洛斯 — 凡利球面上，即：

（ⅰ）过点 E_j 作平面 π_j 与直线 A_jW 垂直相交于 D_j，以 D_j 为球心，作球面经过外心 O，与平面 π_j 相交所得交线圆 $\odot D_j(j=1,2,3,4)$；

（ⅱ）以线段 A_jW 的中点 M_j 为球心，作球面通过外心 O，与 A_jW 的垂直平分面相交所得交线圆 $\odot M_j(j=1,2,3,4)$；

（ⅲ）经过三点 A_j,E_j,O 的平面 π_j 与球面 $S(O,R)$ 的交线为（大圆）$\odot_j(O,R)$，在平面 π_j 内作 OE_j 的垂线，交 $\odot_j(O,R)$ 于 B_j,C_j 所得 $\triangle A_jB_jC_j(j=1,2,3,$

4) 的杜洛斯 — 凡利圆.

这个四面体"十二圆共球定理"(定理 4.6)与三角形"十二点共圆定理"(推论 4.1)可谓交相辉映.

另外,根据命题 4.4 知,每个三角形的杜洛斯 — 凡利圆都经过 18 个特殊点. 结合定理 4.5 的结论可知:四面体 $A_1A_2A_3A_4$ 的杜洛斯 — 凡利球面经过 $4 \times 18 = 72$ 个特殊点,其中每个 $\triangle A_jB_jC_j(j = 1,2,3,4)$ 的杜洛斯 — 凡利圆上各有十八个点. 因此,定理 4.5 也可看作一个奇妙的"四面体七十二点共球定理".

4   垂心四面体的一个四圆共球定理

细心的读者可能已经发现,在三角形中,关于杜洛斯 — 凡利圆的一组性质包括四个六点共圆命题(命题 4.1 ~ 命题 4.4),但我们仅推广了三个命题(命题 4.2 ~ 命题 4.4),唯独命题 4.1 没有推广. 下面我们就来推广命题 4.1.

类比三角形中命题 4.1 的证明方法[①]可知,将命题 4.1 推广至四面体时需要应用 8.3 节中引理 3.1 的结论. 这就要求四面体四条高交于一点(垂心),命题 4.1 可以推广至垂心四面体中,即有(图 4.7):

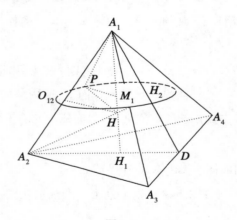

图 4.7

定理 4.7   以垂心四面体各顶点为球心,作半径相等的球面,与经过相邻三棱中点的平面相交,则所得的 4 个圆在以四面体垂心为球心的同一个球面上.

证明:设垂心四面体 $A_1A_2A_3A_4$ 的外接球面为 $S(O,R)$,四条高 $A_1H_1,A_2H_2,A_3H_3,A_4H_4$ 交于垂心 H,棱 A_iA_j 的中点为 $O_{ij}(1 \leqslant i < j \leqslant 4)$,以各顶点为球心所

---

① R. A. 约翰逊,著. 单墫,译. 近代欧氏几何学[M]. 上海:上海教育出版社,1999:225 – 226.

作球面的半径为 r.

设以 A_1 为球心的球面与平面 $O_{12}O_{13}O_{14}$ 的交线为 $\odot M_1$,则圆心 M_1 是高 A_1H_1 的中点.

注意到 H 可能在 A_1M_1 或 M_1H_1 上,用有向线段表示总有 $\overline{A_1M_1} = \overline{A_1H} + \overline{HM_1}$.

设 P 是 $\odot M_1$ 上任一点,则

$$A_1P^2 = r^2 = \overline{A_1M_1}^2 + PM_1^2 = (\overline{A_1H} + \overline{HM_1})^2 + PM_1^2$$
$$= \overline{A_1H}^2 + HP^2 + 2\,\overline{A_1H} \cdot \overline{HM_1}$$
$$= HP^2 + \overline{A_1H}(\overline{A_1H} + 2\,\overline{HM_1}) = HP^2 + \overline{A_1H} \cdot \overline{HH_1}$$

故此

$$HP^2 = r^2 - \overline{A_1H} \cdot \overline{HH_1}$$

类似地,以其余三个顶点 A_k 为球心、半径为 r 的球面,与经过相邻三棱中点的平面相交,所得交线圆 $\odot M_k(k = 2,3,4)$ 上任一点到垂心 H 的距离的平方分别为

$$r^2 - \overline{A_2H} \cdot \overline{HH_2}; r^2 - \overline{A_3H} \cdot \overline{HH_3}; r^2 - \overline{A_4H} \cdot \overline{HH_4}$$

根据 8.3 节引理 3.1 可知

$$\overline{A_1H} \cdot \overline{HH_1} = \overline{A_2H} \cdot \overline{HH_2} = \overline{A_3H} \cdot \overline{HH_3} = \overline{A_4H} \cdot \overline{HH_4} \qquad (4.17)$$

表明四个圆 $\odot M_k(k = 1,2,3,4)$ 在以 H 为球心的同一个球面上. 证毕.

在命题 4.1 中,当以三角形各顶点为圆心所画圆的半径恰等于外接圆半径 R 时,六点圆恰好就是三角形的杜洛斯 — 凡利圆(推论 4.1). 我们很自然地会联想到:将命题 4.1 推广为垂心四面体中的定理 4.7 是否也有类似的结论?

答案是否定的. 因为前文将三角形的杜洛斯 — 凡利圆引申为四面体的杜洛斯 — 凡利球面(定义 4.3)时,所采用的类比方式是将三角形垂心类比至四面体中的"伪垂心",而定理 4.7 则类比至垂心四面体的"垂心"(也即四面体的欧拉球心[①]). 不同的类比方式,所得结论也就必然有差异.

事实上,我们可以求出定理 4.7 中四圆所共球面的半径,即:

定理 4.8 设垂心四面体 $A_1A_2A_3A_4$ 的外接球面为 $S(O, R)$,以各顶点为球心,作半径为 r 的球面,与经过相邻三棱中点的平面相交,则所得的 4 个圆在以四面体 $A_1A_2A_3A_4$ 的垂心 H 为球心、半径为

---

① 参见 3.1 节(2.2 伪垂心与欧拉球心).

$$R_0 = \sqrt{r^2 + R^2 - \frac{1}{12} \sum_{1 \leqslant i < j \leqslant 4} A_i A_j^2}$$

的球面上.

证明:如图 4.7,根据定理 4.7 的证明知,R_0 满足

$$R_0^2 = r^2 - \overline{A_k H} \cdot \overline{HH_k} \quad (k = 1,2,3,4) \tag{4.18}$$

注意到四点 A_i, A_j, H_i, H_j 在以 $A_i A_j$ 为直径(圆心为 O_{ij})的圆(记为 $\odot O_{ij}$)上,则 $\overline{A_i H} \cdot \overline{HH_i} = \overline{A_j H} \cdot \overline{HH_j}$ 是 H 对 $\odot O_{ij} (1 \leqslant i < j \leqslant 4)$ 的幂. 因此有

$$\overline{A_i H} \cdot \overline{HH_i} = \overline{A_j H} \cdot \overline{HH_j} = \left(\frac{1}{2} A_i A_j\right)^2 - O_{ij} H^2 \tag{4.19}$$

在 $\triangle H A_i A_j$ 中,有 $A_i H^2 + A_j H^2 = \frac{1}{2}[A_i A_j^2 + (2 O_{ij} H)^2]$,即

$$O_{ij} H^2 = \frac{1}{2}(A_i H^2 + A_j H^2) - \frac{1}{4} A_i A_j^2$$

代入(4.19)得

$$\overline{A_i H} \cdot \overline{HH_i} = \overline{A_j H} \cdot \overline{HH_j} = \frac{1}{2} A_i A_j^2 - \frac{1}{2}(A_i H^2 + A_j H^2)$$

根据式(4.17),令 $\overline{A_i H} \cdot \overline{HH_i} = \overline{A_j H} \cdot \overline{HH_j} = \lambda (1 \leqslant i < j \leqslant 4)$,则由上式可得

$$\sum_{1 \leqslant i < j \leqslant 4} \left[\frac{1}{2} A_i A_j^2 - \frac{1}{2}(A_i H^2 + A_j H^2)\right] = \frac{1}{2}\left(\sum_{1 \leqslant i < j \leqslant 4} A_i A_j^2 - 3 \sum_{k=1}^{4} A_k H^2\right) = 6\lambda$$

根据 3.1 节定理 1.4 知,$\sum_{k=1}^{4} A_k H^2 = 4R^2$,故 $\lambda = \frac{1}{12} \sum_{1 \leqslant i < j \leqslant 4} A_i A_j^2 - R^2$.

代入(4.18)就得 $R_0 = \sqrt{r^2 + R^2 - \frac{1}{12} \sum_{1 \leqslant i < j \leqslant 4} A_i A_j^2}$. 证毕.

容易验证,定理 4.8 中即使当 $r = R$ 时,球面 $S(H, R_0)$ 与四面体的杜洛斯—凡利球面也毫无关系.

第9章 四面体的欧拉球面 与斯俾克球面

本章介绍四面体的欧拉球面和斯俾克球面及其性质,它们分别是三角形的欧拉圆(九点圆)与斯俾克圆在四面体中的引申推广.本章所介绍的研究成果主要摘自熊曾润教授的两篇论文.

9.1 四面体的欧拉球面[①]

众所周知,关于三角形有如下命题:

命题 1.1[②] 以三角形的外心与垂心连线的中点为圆心,外接圆半径的一半为半径的圆,必通过九个特殊点,即:三个顶点与垂心连线的中点,三条边的中点,以及三条高的垂足.

这就是近代欧氏几何学中著名的九点圆定理.九点圆又称欧拉圆、费尔巴哈圆、庞斯莱圆[③].美国数学家 R. A. 约翰逊在其名著《近代欧氏几何学》[①]中,专辟"九点圆"一章,系统地介绍了这个圆的众多优美性质,足见它在近代欧氏几何学中的地位.本节将九点圆的一些结论类比推广到一般四面体中.首先建立一般四面体的欧拉球面概念,然后揭示它的优美性质.

1 四面体欧拉球面的概念

在第3章3.1节中,简要介绍过四面体的欧拉球面概念,本节再做详细介绍.为叙述方便,本章约定:以点 O 为球心、长度 R 为半径的球面记作 $S(O,R)$.

定义 1.1 设四面体 $A_1A_2A_3A_4$ 的外接球面为 $S(O,R)$,若点 W 满足

$$\overrightarrow{OW} = \sum_{i=1}^{4} \overrightarrow{OA_i} \qquad (1.1)$$

则点 W 称为四面体 $A_1A_2A_3A_4$ 的伪垂心;以线段 OW 的中点 E 为球心、$\dfrac{R}{2}$ 为半径

---

① 熊曾润.四面体的欧拉球面及其性质[M] // 杨学枝.中国初等数学研究(2009 卷).哈尔滨:哈尔滨工业大学出版社,2009:40 - 43.

② R. A. 约翰逊,著.单墫,译.近代欧氏几何学[M].上海:上海教育出版社,1999:170 - 185.

③ 沈康身.数学的魅力(一)[M].上海:上海辞书出版社,2004:268 - 280.

的球面,称为四面体 $A_1A_2A_3A_4$ 的欧拉球面,记作 $S(E,\dfrac{R}{2})$[1][2].

其中,点 E 的向量表示为

$$\overrightarrow{OE} = \frac{1}{2}\overrightarrow{OW} = \frac{1}{2}\sum_{i=1}^{4}\overrightarrow{OA_i} \qquad (1.2)$$

定义 1.2　设四面体 $A_1A_2A_3A_4$ 的外接球面为 $S(O,R)$,若点 W_j 满足

$$\overrightarrow{OW_j} = \sum_{i=1}^{4}\overrightarrow{OA_i} - \overrightarrow{OA_j} \qquad (1.3)$$

则点 W_j 称为四面体 $A_1A_2A_3A_4$ 的侧面 Δ_j 的伪垂心;以线段 OW_j 的中点 E_j 为球心、$\dfrac{R}{2}$ 为半径的球面,称为侧面 Δ_j 的欧拉球面,记作 $S(E_j,\dfrac{R}{2})(j=1,2,3,4)$.

其中,点 E_j 的向量表示为

$$\overrightarrow{OE_j} = \frac{1}{2}\overrightarrow{OW_j} = \frac{1}{2}(\sum_{i=1}^{4}\overrightarrow{OA_i} - \overrightarrow{OA_j}) \qquad (1.4)$$

2　四面体欧拉球面的性质

定理 1.1　设四面体 $A_1A_2A_3A_4$ 的外接球面为 $S(O,R)$,其伪垂心为 W,则其欧拉球面 $S(E,\dfrac{R}{2})$ 必通过诸线段 A_jW 的中点 $M_j(j=1,2,3,4)$.

证明:显然,只需证明 $|EM_j| = \dfrac{R}{2}$ 就行了.

事实上,点 W 满足(1.1),而 M_j 是 A_jW 的中点,所以有

$$\overrightarrow{OM_j} = \frac{1}{2}(\overrightarrow{OW} + \overrightarrow{OA_j}) = \frac{1}{2}(\sum_{i=1}^{4}\overrightarrow{OA_i} + \overrightarrow{OA_j}) \qquad (1.5)$$

据此,注意到点 E 满足(1.2),可得

$$\overrightarrow{EM_j} = \overrightarrow{OM_j} - \overrightarrow{OE} = \frac{1}{2}\overrightarrow{OA_j}$$

但顶点 A_j 在球面 $S(O,R)$ 上,所以 $|OA_j| = R$,从而由上式可知 $|EM_j| = \dfrac{R}{2}(j=1,2,3,4)$. 证毕.

定理 1.2　设四面体 $A_1A_2A_3A_4$ 的外接球面为 $S(O,R)$,则其欧拉球面 $S(E,$

---

① 熊曾润. 球内接多面体的伪垂心及其性质[J]. 福建中学数学,2005(5):17 – 19.

② 熊曾润. 四面体的欧拉球心的一个美妙性质[J]. 中学数学,2005(5):27.

$\dfrac{R}{2}$）必通过各侧面 Δ_j 的欧拉球心 $E_j (j = 1,2,3,4)$.

证明：显然，只需证明 $|EE_j| = \dfrac{R}{2}$ 就行了.

事实上，点 E 和 E_j 分别满足（1.2）和（1.4），所以有

$$\overrightarrow{E_jE} = \overrightarrow{OE} - \overrightarrow{OE_j} = \frac{1}{2}\overrightarrow{OA_j}$$

由此可知 $|E_jE| = \dfrac{R}{2}(j = 1,2,3,4)$. 证毕.

由这个定理显然可得：

推论 1.1　在四面体中，各侧面的欧拉球面必相交于同一点，这个点正是这四面体的欧拉球心.

定理 1.3　设四面体 $A_1A_2A_3A_4$ 的外接球面为 $S(O,R)$，其伪垂心为 W，其侧面 Δ_j 的欧拉球心为 E_j，过点 E_j 作直线与直线 A_jW 垂直相交于 D_j，则四面体 $A_1A_2A_3A_4$ 的欧拉球面 $S(E,\dfrac{R}{2})$ 必通过诸垂足 $D_j (j = 1,2,3,4)$.

证明：取线段 A_jW 的中点为 M_j，则由定理 1.1 和定理 1.2 可知，点 M_j 和 E_j 都在球面 $S(E,\dfrac{R}{2})$ 上；又已知 $\angle E_jD_jM_j = 90°$. 据此易知，要证明球面 $S(E,\dfrac{R}{2})$ 通过垂足 D_j，只需证明线段 E_jM_j 是这个球面的直径就行了.

事实上，点 E_j 和 M_j 分别满足（1.4）和（1.5），所以有

$$\overrightarrow{E_jM_j} = \overrightarrow{OM_j} - \overrightarrow{OE_j} = \overrightarrow{OA_j}$$

由此可知，$|E_jM_j| = R$，因此线段 E_jM_j 是球面 $S(E,\dfrac{R}{2})$ 的直径$(j = 1,2,3,$
4). 证毕.

综合定理 1.1,1.2,1.3，可得：

定理 1.4　四面体 $A_1A_2A_3A_4$ 的欧拉球面必通过 12 个特殊点，即：各顶点 A_j 与伪垂心 W 连线的中点 $M_j(j = 1,2,3,4)$；各侧面 Δ_j 的欧拉球心 $E_j(j = 1,2,3,4)$；过点 E_j 作直线与直线 A_jW 垂直相交的垂足 $D_j(j = 1,2,3,4)$.

显然，定理 1.4 是命题 1.1 在四面体中的一种惟妙惟肖的类比推广.

定理 1.5　设四面体 $A_1A_2A_3A_4$ 的外心为 O，其侧面 Δ_j 的伪垂心为 W_j，则诸

线段 $A_jW_j(j = 1,2,3,4)$ 必相交于同一点,且被这个点平分,这个点正是四面体 $A_1A_2A_3A_4$ 的欧拉球心 E.

证明:应用同一法. 设 A_jW_j 是题设中的任一线段,其中点为 E',那么只需证明点 E' 是四面体 $A_1A_2A_3A_4$ 的欧拉球心 E 就行了.

事实上,因点 W_j 满足(1.3),E' 是线段 A_jW_j 的中点,所以

$$\overrightarrow{OE'} = \frac{1}{2}(\overrightarrow{OA_j} + \overrightarrow{OW_j}) = \frac{1}{2}\sum_{i=1}^{4}\overrightarrow{OA_i} \tag{1.6}$$

比较(1.6)与(1.2),可知点 E' 是四面体 $A_1A_2A_3A_4$ 的欧拉球心 E. 证毕.

定理 1.6 四面体 $A_1A_2A_3A_4$ 的欧拉球心 E 与任一条棱的中点的连线必垂直对棱.

证明:取四面体 $A_1A_2A_3A_4$ 的任一条棱,为了确定起见,不妨取 A_1A_2,设其中点为 M,下面证明 ME 垂直于对棱 A_3A_4.

设四面体 $A_1A_2A_3A_4$ 的外接球面为 $S(O,R)$. 因为 M 是 A_1A_2 的中点,所以有 $\overrightarrow{OM} = \frac{1}{2}(\overrightarrow{OA_1} + \overrightarrow{OA_2})$;又点 E 满足(1.2). 从而有

$$\overrightarrow{ME} = \overrightarrow{OE} - \overrightarrow{OM} = \frac{1}{2}(\overrightarrow{OA_3} + \overrightarrow{OA_4})$$

于是 $\overrightarrow{ME} \cdot \overrightarrow{A_3A_4} = \frac{1}{2}(\overrightarrow{OA_3} + \overrightarrow{OA_4}) \cdot (\overrightarrow{OA_4} - \overrightarrow{OA_3}) = \frac{1}{2}(OA_4{}^2 - OA_3{}^2) = R^2 - R^2 = 0$.

这就表明 $ME \perp A_3A_4$. 证毕.

由这个定理易得:

推论 1.2 在四面体中,过各棱的中点作对棱的垂直平面,则所得的六个平面必相交于同一点,这个点正是这四面体的欧拉球心.

注:在3.1节(定理1.7)中我们已知上述(推论1.2中)六个平面的交点就是四面体的"蒙日点"(与四面体的欧拉球心合同).

定理 1.7 在四面体 $A_1A_2A_3A_4$ 中,其欧拉球心 E 与任一条棱的中点的连线必平行于外心 O 与对棱中点的连线,且二者相等.

定理1.7 即是 3.1 节定理 1.13.

由这个定理易得：

推论 1.3　在四面体中,过任一条棱的中点作直线,使它平行于外心与对棱中点的连线,则这样作得的六条直线必相交于同一点,这个点正是这四面体的欧拉球心.

定理 1.8　设四面体 $A_1A_2A_3A_4$ 的外心为 O,其伪垂心为 W,其侧面 Δ_j 的欧拉球心为 E_j,则 $A_jW \ /\!/ \ OE_j$,且 $|A_jW| = 2|OE_j|(j = 1,2,3,4)$.

证明:因为点 W 和点 E_j 分别满足(1.1) 和(1.4),所以有

$$\overrightarrow{A_jW} = \overrightarrow{OW} - \overrightarrow{OA_j} = \sum_{i=1}^{4} \overrightarrow{OA_i} - \overrightarrow{OA_j} = 2\overrightarrow{OE_j}$$

由此可知, $A_jW \ /\!/ \ OE_j$,且 $|A_jW| = 2|OE_j|(j = 1,2,3,4)$. 证毕.

定理 1.9　设四面体 $A_1A_2A_3A_4$ 的外心为 O,其侧面 Δ_j 的欧拉球心为 $E_j(j = 1,2,3,4)$,则点 O 是四面体 $E_1E_2E_3E_4$ 的伪垂心.

证明:由定理 1.2 知,四面体 $E_1E_2E_3E_4$ 的外心是四面体 $A_1A_2A_3A_4$ 的欧拉球心 E. 因此,要证明点 O 是四面体 $E_1E_2E_3E_4$ 的伪垂心,按定义 1.1,只需证明如下等式成立

$$\overrightarrow{EO} = \sum_{j=1}^{4} \overrightarrow{EE_j} \tag{1.7}$$

事实上,点 E 和点 E_j 分别满足(1.2) 和(1.4),所以有

$$\sum_{j=1}^{4} \overrightarrow{EE_j} = \sum_{j=1}^{4} (\overrightarrow{OE_i} - \overrightarrow{OE}) = -\frac{1}{2}\sum_{j=1}^{4} \overrightarrow{OA_i} = -\overrightarrow{OE} = \overrightarrow{EO}$$

这就表明等式(1.7) 成立. 证毕.

定理 1.10　设四面体 $A_1A_2A_3A_4$ 的外接球面为 $S(O,R)$,其欧拉球心为 E,则

$$OE^2 = \frac{1}{4}\left(16R^2 - \sum_{1 \leqslant i < j \leqslant 4} A_iA_j^2\right) \tag{1.8}$$

证明:由(1.2) 知 $2\overrightarrow{OE} = \sum_{i=1}^{4} \overrightarrow{OA_i}$,此等式两边平方可得

$$4 \cdot OE^2 = \sum_{i=1}^{4} OA_i^2 + 2\sum_{1 \leqslant i < j \leqslant 4} \overrightarrow{OA_i} \cdot \overrightarrow{OA_j}$$

又,按向量的运算有

$$\sum_{1 \le i < j \le 4} A_i A_j^2 = \sum_{1 \le i < j \le 4} (\overrightarrow{OA_j} - \overrightarrow{OA_i})^2 = 3 \sum_{i=1}^4 OA_i^2 - 2 \cdot \sum_{1 \le i < j \le 4} \overrightarrow{OA_i} \cdot \overrightarrow{OA_j}$$

注意到 $OA_i^2 = R^2$,以上两等式两边分别相加就得

$$4 \cdot OE^2 + \sum_{1 \le i < j \le 4} A_i A_j^2 = 16R^2$$

此等式略经变形,就得到(1.8).证毕.

由这个定理易得:

推论 1.4　设四面体 $A_1 A_2 A_3 A_4$ 的外接球面为 $S(O,R)$,则其欧拉球心 E 在外接球面上的充要条件是

$$\sum_{1 \le i < j \le 4} A_i A_j^2 = 12R^2$$

定理 1.11　设四面体 $A_1 A_2 A_3 A_4$ 的外接球面为 $S(O,R)$,其欧拉球心为 E,重心为 G,则

$$GE^2 = \frac{1}{16} \left(16R^2 - \sum_{1 \le i < j \le 4} A_i A_j^2 \right) \tag{1.9}$$

证明:由 3.1 节中的定理 1.12 可知 $|OE| = 2|GE|$,所以 $OE^2 = 4 \cdot GE^2$,代入(1.8)就得到等式(1.9).证毕.

定理 1.12(3.1 节定理 1.14)　设四面体 $A_1 A_2 A_3 A_4$ 的外接球面为 $S(O,R)$,其欧拉球心为 E,则

$$\sum_{i=1}^4 EA_i^2 = 4R^2 \tag{1.10}$$

证明

$$\sum_{i=1}^4 EA_i^2 = \sum_{i=1}^4 (\overrightarrow{OA_i} - \overrightarrow{OE})^2 = \sum_{i=1}^4 OA_i^2 + 4 \cdot OE^2 - 2 \overrightarrow{OE} \cdot \sum_{i=1}^4 \overrightarrow{OA_i}$$

注意到 $OA_i^2 = R^2$,且由(1.2)知 $\sum_{i=1}^4 \overrightarrow{OA_i} = 2 \overrightarrow{OE}$,代入上式就得到(1.10).证毕.

定理 1.13[①]　设四面体 $A_1 A_2 A_3 A_4$ 的外接球面为 $S(O,R)$,其伪垂心为 W,其侧面 Δ_j 的欧拉球心为 E_j,过点 E_j 作直线与直线 $A_j W$ 垂直相交于 D_j,且设此直线

① 熊曾润. 一个美妙的多圆共球定理[J]. 中学教研(数学),2005(12):41 - 42.

交球面 $S(O,R)$ 于 B_j，C_j 两点（如图 1.1），则 $\triangle A_jB_jC_j$ 的九点圆必在四面体 $A_1A_2A_3A_4$ 的欧拉球面 $S(E,\frac{R}{2})$ 上 $(j = 1,2,3,4)$.

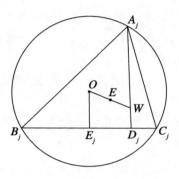

图 1.1

证明：依题设，点 E_j，D_j，W 都在平面 $A_jB_jC_j$ 内，因为 $OE_j \ /\!/ \ A_jW$（定理 1.8），所以 O 也在平面 $A_jB_jC_j$ 内；从而 OW 的中点 E（定义 1.1）也在此平面内.

由此可知，平面 $A_jB_jC_j$ 与两个球面 $S(O,R)$，$S(E,\frac{R}{2})$ 的交线，分别是这两个球面的一个大圆，依次记作 $\odot_j(O,R)$ 和 $\odot_j(E,\frac{R}{2})$. 下面证明 $\odot_j(E,\frac{R}{2})$ 是 $\triangle A_jB_jC_j$ 的九点圆.

事实上，$\triangle A_jB_jC_j$ 的外接圆是 $\odot_j(O,R)$，点 E 是 OH 的中点，所以，要证明 $\odot_j(E,\frac{R}{2})$ 是 $\triangle A_jB_jC_j$ 的九点圆，只需证明点 W 是 $\triangle A_jB_jC_j$ 的垂心就行了.

设 $\triangle A_jB_jC_j$ 的垂心是 H_j，则[①]

$$\overrightarrow{OH_j} = \overrightarrow{OA_j} + \overrightarrow{OB_j} + \overrightarrow{OC_j} \tag{1.11}$$

因为 $B_jC_j \perp A_jW$，$OE_j \ /\!/ \ A_jW$，所以 $B_jC_j \perp OE_j$，从而 E_j 是 B_jC_j 的中点，注意到点 E_j 满足（1.4），则有

$$\overrightarrow{OB_j} + \overrightarrow{OC_j} = 2\overrightarrow{OE_j} = \sum_{i=1}^{4} \overrightarrow{OA_i} - \overrightarrow{OA_j} \tag{1.12}$$

将（1.12）代入（1.11），就得

---

① 见 3.1 节（P24）.

$$\overrightarrow{OH_j} = \sum_{i=1}^{4} \overrightarrow{OA_i} \tag{1.13}$$

比较(1.13)与(1.1)两式,可知 H_j 与 W 重合($j = 1,2,3,4$). 证毕.

在定理 1.13 中,由于每个三角形的九点圆通过 9 个特殊点,因此这个定理告诉我们:四面体的欧拉球面通过 $4 \times 9 = 36$ 个特殊点.

9.2　四面体的斯俾克球面[①]

在三角形中,以内心与奈格尔点连线的中点为圆心、内切圆半径的一半为半径的圆,称为三角形的斯俾克圆. 它有如下性质[②]:

命题 2.1　设 $\triangle ABC$ 的三个顶点与奈格尔点连线的中点分别为 M_1,M_2,M_3,三条边的中点分别为 N_1,N_2,N_3,那么 $\triangle ABC$ 的斯俾克圆必内切于 $\triangle M_1 M_2 M_3$ 与 $\triangle N_1 N_2 N_3$.

本节将三角形的斯俾克圆类比引申至任意四面体中,探讨四面体的斯俾克球面的性质.

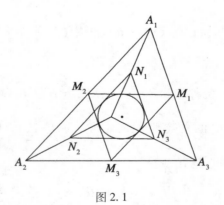

图 2.1

1　四面体斯俾克球面的概念

在 5.3 节中,我们已经厘清了四面体几个"心"的关系,其中四面体的界心与斯俾克球心是同一点. 本节我们统一称之为四面体的斯俾克球心. 即有:

①　熊曾润. 四面体的奈格尔点与斯俾克球面[C] // 第七届全国初等数学研究学术交流会论文集, 2009.8.

②　R. A. 约翰逊,著. 单墫,译. 近代欧氏几何学[M]. 上海:上海教育出版社,1999:198 – 199.

定义 2.1 设四面体 $A_1A_2A_3A_4$ 的内心为 I，内切球面的半径为 r，若点 N_a 和点 S 满足

$$\overrightarrow{IN_a} = \sum_{i=1}^{4} \overrightarrow{IA_i} \tag{2.1}$$

$$\overrightarrow{IS} = \frac{1}{2} \sum_{i=1}^{4} \overrightarrow{IA_i} \tag{2.2}$$

则点 N_a 称为四面体 $A_1A_2A_3A_4$ 的伪界心；以点 S 为球心、$\frac{r}{2}$ 为半径的球面，称为四面体 $A_1A_2A_3A_4$ 的斯俾克球面.

注：在熊曾润先生原文《四面体的奈格尔点与斯俾克球面》（第七届全国初等数学研究学术交流会论文集,2009.8.）中将定义 2.1 中的点 N_a 称为四面体 $A_1A_2A_3A_4$ 的奈格尔点,本节为了与第 5 章中三组对棱之和相等的四面体的奈格尔点 N(5.3 节定义 3.1) 加以区分,统一改称点 N_a 为"伪界心".

定义 2.2 设 $\Delta_j(j = 1,2,3,4)$ 为四面体 $A_1A_2A_3A_4$ 的任一侧面,这四面体的内心为 I,若点 N_j 和 S_j 分别满足

$$\overrightarrow{IN_j} = \sum_{i=1}^{4} \overrightarrow{IA_i} - \overrightarrow{IA_j} \tag{2.3}$$

$$\overrightarrow{IS_j} = \frac{1}{2}(\sum_{i=1}^{4} \overrightarrow{IA_i} - \overrightarrow{IA_j}) \tag{2.4}$$

则点 N_j 和 S_j 依次称为侧面 Δ_j 关于点 I 的 1 号心和 2 号心.

2 四面体斯俾克球面的性质

在以下的论述中,我们约定：四面体 $A_1A_2A_3A_4$ 的内心为 I,内切圆的半径为 r,这四面体的伪界心为 N_a,斯俾克球心为 S,重心为 G,其侧面 Δ_j 关于点 I 的 1 号心和 2 号心依次为 N_j 和 S_j,这侧面的重心为 $G_j(j = 1,2,3,4)$.

我们有(5.3 节定理 3.3)：

定理 2.1 在四面体 $A_1A_2A_3A_4$ 中,I,G,S,N_a 四点共线,且 $\overrightarrow{IN_a} = 2\overrightarrow{IS} = 4\overrightarrow{IG}$.

证明：因为点 N_a 和 S 分别满足(2.1) 和(2.2),所以有 $\overrightarrow{IN_a} = 2\overrightarrow{IS}$,这就表明 I,S,N_a 三点共线,且 $\overrightarrow{IN_a} = 2\overrightarrow{IS}$.

又因为重心 G 满足[①]

$$\overrightarrow{IG} = \frac{1}{4} \sum_{i=1}^{4} \overrightarrow{IA_i} \qquad (2.5)$$

由(2.2)和(2.5)可得 $2\overrightarrow{IS} = 4\overrightarrow{IG}$. 这就表明, I,G,S 三点共线, 且 $2\overrightarrow{IS} = 4\overrightarrow{IG}$.

综合以上讨论可知, I,G,S,N_a 四点共线, 且 $\overrightarrow{IN_a} = 2\overrightarrow{IS} = 4\overrightarrow{IG}$. 证毕.

定理 2.2   在四面体 $A_1A_2A_3A_4$ 中, 必有

$$IN_a{}^2 = 4\sum_{i=1}^{4} IA_i{}^2 - \sum_{1 \leqslant i < j \leqslant 4} A_iA_j{}^2 \qquad (2.6)$$

证明: 由式(2.1)可得

$$IN_a{}^2 = \left(\sum_{i=1}^{4} \overrightarrow{IA_i}\right)^2 = \sum_{i=1}^{4} IA_i{}^2 + 2\sum_{1 \leqslant i < j \leqslant 4} \overrightarrow{IA_i} \cdot \overrightarrow{IA_j}$$

又

$$\sum_{1 \leqslant i < j \leqslant 4} A_iA_j{}^2 = \sum_{i=1}^{4} (\overrightarrow{IA_i} - \overrightarrow{IA_j})^2 = 3\sum_{i=1}^{4} IA_i{}^2 - 2\sum_{1 \leqslant i < j \leqslant 4} \overrightarrow{IA_i} \cdot \overrightarrow{IA_j}$$

以上二等式两边分别相加, 稍经整理就得到式(2.6). 证毕.

按定理 2.1 有 $\overrightarrow{IN_a} = 2\overrightarrow{IS}$, 结合定理 2.2 可得:

定理 2.3   在四面体 $A_1A_2A_3A_4$ 中, 必有

$$IS^2 = \frac{1}{4}\left(4\sum_{i=1}^{4} IA_i{}^2 - \sum_{1 \leqslant i < j \leqslant 4} A_iA_j{}^2\right)$$

(此定理就是 5.3 节定理 3.6.)

由这个定理显然可得推论.

推论 2.1   在四面体 $A_1A_2A_3A_4$ 中, 点 S 在这四面体的内切球面上的充要条件是

$$4\sum_{i=1}^{4} IA_i{}^2 - \sum_{1 \leqslant i < j \leqslant 4} A_iA_j{}^2 = 4r^2$$

定理 2.4   在四面体 $A_1A_2A_3A_4$ 中, 必有

$$\sum_{i=1}^{4} N_aA_i{}^2 = 2IN_a{}^2 + \sum_{i=1}^{4} IA_i{}^2$$

---

① 熊曾润. 多面体的顶点系重心的优美性质[J]. 数学通报, 2000(4):17 - 18.

证明:由(2.1)可得

$$N_a A_i^2 = (\overrightarrow{IA_i} - \overrightarrow{IN_a})^2 = IN_a^2 - 2\overrightarrow{IN_a} \cdot \overrightarrow{IA_i} + IA_i^2$$

所以

$$\sum_{i=1}^{4} N_a A_i^2 = 4IN_a^2 - 2\overrightarrow{IN_a} \cdot \sum_{i=1}^{4} \overrightarrow{IA_i} + \sum_{i=1}^{4} IA_i^2 = 2IN_a^2 + \sum_{i=1}^{4} IA_i^2$$

证毕.

仿效这个定理的证法,根据(2.2)可以证得:

定理 2.5   在四面体 $A_1 A_2 A_3 A_4$ 中,必有

$$\sum_{i=1}^{4} SA_i^2 = \sum_{i=1}^{4} IA_i^2$$

(此定理就是 5.3 节中定理 3.5.)

定理 2.6   设 P 是四面体 $A_1 A_2 A_3 A_4$ 的内切球面上的任一点,则线段 $N_a P$ 的中点 Q 必在这四面体的斯俾克球面上.

证明:显然,只需证 $|SQ| = \dfrac{r}{2}$ 就行了.

因为 Q 是线段 $N_a P$ 的中点,且点 N_a 满足(2.1),所以有

$$\overrightarrow{IQ} = \frac{1}{2}(\overrightarrow{IN_a} + \overrightarrow{IP}) = \frac{1}{2}\left(\sum_{i=1}^{4} \overrightarrow{IA_i} + \overrightarrow{IP}\right)$$

据此,注意到 S 满足(2.2),则有

$$\overrightarrow{SQ} = \overrightarrow{IQ} - \overrightarrow{IS} = \frac{1}{2}\overrightarrow{IP}$$

但点 P 在四面体 $A_1 A_2 A_3 A_4$ 的内切球面上,所以 $|IP| = r$,从而由上式可得 $|SQ| = \dfrac{r}{2}$,证毕.

定理 2.7   设 P 是四面体 $A_1 A_2 A_3 A_4$ 的内切球面上的任一点,M 是线段 IN_a 的第 1 个三等分点(即 $3\overrightarrow{IM} = \overrightarrow{IN_a}$),连 PM 并延长至 Q. 使得 $\overrightarrow{MQ} = \dfrac{1}{2}\overrightarrow{PM}$,则点 Q 必在这四面体的斯俾克球面上.

证明:依题设有 $3\overrightarrow{IM} = \overrightarrow{IN_a} = \sum_{i=1}^{4}\overrightarrow{IA_i}$,且 $\overrightarrow{MQ} = \dfrac{1}{2}\overrightarrow{PM}$,即 $2(\overrightarrow{IQ} - \overrightarrow{IM}) = \overrightarrow{IM} - \overrightarrow{IP}$. 由此可得

$$\overrightarrow{IQ} = \frac{1}{2}(3\overrightarrow{IM} - \overrightarrow{IP}) = \frac{1}{2}(\sum_{i=1}^{4}\overrightarrow{IA_i} - \overrightarrow{IP})$$

据此,注意到 S 满足(2.2),则有

$$\overrightarrow{QS} = \overrightarrow{IS} - \overrightarrow{IQ} = \frac{1}{2}\overrightarrow{IP}$$

但 $|IP| = r$,所以由上式可得 $|QS| = \frac{r}{2}$,这就表明点 Q 在这四面体的斯俾克球面上. 证毕.

定理 2.8 在四面体 $A_1A_2A_3A_4$ 中,诸线段 $A_jN_j(j=1,2,3,4)$ 必相交于同一点,且被这个点平分,这个点正是点 S.

证明:设线段 A_jN_j 的中点为 D_j,那么只需证明点 D_j 与 S 重合就行了.

因为 D_j 是线段 A_jN_j 的中点,且点 N_j 满足(2.3),所以有

$$\overrightarrow{ID_j} = \frac{1}{2}(\overrightarrow{IA_j} + \overrightarrow{IN_j}) = \frac{1}{2}\sum_{i=1}^{4}\overrightarrow{IA_i}$$

将此式与(2.2)比较,可知点 D_j 与 S 重合($j=1,2,3,4$). 证毕.

由这个定理显然可得:

推论 2.2 四面体 $A_1A_2A_3A_4$ 与四面体 $N_1N_2N_3N_4$ 关于点 S 对称,它们具有共同的斯俾克球面.

定理 2.9 在四面体 $A_1A_2A_3A_4$ 中,设线段 N_aA_j 的中点为 E_j,则诸线段 E_jS_j ($j=1,2,3,4$) 必相交于同一点,且被这个点平分,这个点正是点 S.

证明:线段 E_jS_j 的中点为 F_j,那么只需证明点 F_j 与 S 重合就行了.

因为 E_j 是线段 N_aA_j 的中点,且点 N_j 满足(2.3),所以有

$$\overrightarrow{IE_j} = \frac{1}{2}(\overrightarrow{IN_a} + \overrightarrow{IA_j}) = \frac{1}{2}(\sum_{i=1}^{4}\overrightarrow{IA_i} + \overrightarrow{IA_j})$$

据此,注意到 F_j 是线段 E_jS_j 的中点,且 S_j 满足(2.4),则有

$$\overrightarrow{IF_j} = \frac{1}{2}(\overrightarrow{IE_j} + \overrightarrow{IS_j}) = \frac{1}{2}\sum_{i=1}^{4}\overrightarrow{IA_i}$$

将此式与(2.2)比较,可知点 F_j 与 S 重合($j=1,2,3,4$),证毕.

由这个定理显然可得:

推论 2.3 在四面体 $A_1A_2A_3A_4$ 中,设线段 N_aA_j 的中点为 $E_j(j=1,2,3,4)$,

则四面体 $E_1E_2E_3E_4$ 与四面体 $S_1S_2S_3S_4$ 关于点 S 对称.

定理 2.8 和定理 2.9 告诉我们:四面体 $A_1A_2A_3A_4$ 的斯俾克球心 S,是 8 条特殊直线的公共点.

定理 2.10 在四面体 $A_1A_2A_3A_4$ 中,设线段 N_aA_j 的中点为 $E_j(j=1,2,3,4)$,则四面体 $E_1E_2E_3E_4$ 的内切球面正是四面体 $A_1A_2A_3A_4$ 的斯俾克球面.

证明:设四面体 $E_1E_2E_3E_4$ 内切球的球心为 I'、半径为 r',那么只需证明 I' 与 S 重合,$r' = \dfrac{r}{2}$ 就行了.

因为 E_j 是线段 N_aA_j 的中点 $(j=1,2,3,4)$,可知四面体 $E_1E_2E_3E_4$ 与四面体 $A_1A_2A_3A_4$ 是位似形,它们的位似中心是四面体 $A_1A_2A_3A_4$ 的伪界心 N_a,位似比为 $\lambda = \overrightarrow{N_aI'} : \overrightarrow{N_aI} = 1:2$. 于是由位似形的性质可知:

（ⅰ）点 I' 与 I 是对应点,所以 $\overrightarrow{N_aI'} : \overrightarrow{N_aI} = \lambda = 1:2$,即 I' 是线段 N_aI 的中点;又由定理 2.1 知,S 是 N_aI 的中点. 因此,点 I' 与 S 重合.

（ⅱ）$r' : r = \lambda = 1:2$,即 $r' = \dfrac{r}{2}$. 证毕.

由这个定理及推论 2.3 容易推得:

定理 2.11 在四面体 $A_1A_2A_3A_4$ 中,四面体 $S_1S_2S_3S_4$ 的内切球面正是四面体 $A_1A_2A_3A_4$ 的斯俾克球面.

定理 2.10 和定理 2.11 告诉我们:四面体 $A_1A_2A_3A_4$ 的斯俾克球面与 8 个特殊平面相切.

定理 2.12 四面体 $A_1A_2A_3A_4$ 的内心 I 是四面体 $S_1S_2S_3S_4$ 的奈格尔点.

证明:由定理 2.11 知,四面体 $A_1A_2A_3A_4$ 的内心是点 S. 因此,要证点 I 是这四面体的奈格尔点,按定义 2.1,只需证明等式 $\overrightarrow{SI} = \dfrac{1}{2}\sum_{j=1}^{4}\overrightarrow{SS_j}$ 成立就行了.

事实上,因点 S 和 S_j 分别满足(2.2) 和(2.4),所以有

$$\sum_{j=1}^{4}\overrightarrow{SS_j} = \sum_{j=1}^{4}(\overrightarrow{IS_j} - \overrightarrow{IS}) = -\frac{1}{2}\sum_{j=1}^{4}\overrightarrow{IA_j} = -\overrightarrow{IS} = \overrightarrow{SI}$$

证毕.

第 10 章　　四面体十二点共球定理

关于四面体十二点共球的性质本书已经介绍过三个定理了:垂心四面体第1类和第2类十二点共球定理(第3章3.1节中定理1.5、定理1.6);一般四面体的欧拉球面(第9章9.1节中定理1.4).本章介绍四面体十二点共球定理的进一步推广研究.

10.1　四面体第1类十二点共球定理的推广

垂心四面体第1类十二点球就是四面体的普鲁海(Prouhet)球.

命题 1.1[1][2]　　垂心四面体中,垂心到四面体各顶点的连线的第1个三等分点、四面体各面的垂心和重心,共十二点共球,其球心为外心与垂心连线的第2个三等分点,半径为四面体外接球半径的三分之一.

四面体欧拉球面定理是一般四面体的十二点共球定理.

命题 1.2　　四面体 $A_1A_2A_3A_4$ 的欧拉球面必通过十二个特殊点,即:各顶点 A_j 与伪垂心 W 连线的中点 $M_j(j=1,2,3,4)$;各侧面 Δ_j 的欧拉球心 E_j $(j=1,2,3,4)$;过点 E_j 作直线与直线 A_jW 垂直相交的垂足 $D_j(j=1,2,3,4)$.

上述两个定理有着密切联系,它们可以统一推广.

1　推广至四面体的 $k+1$ 号球面[3]

我们需要引用四面体的 k 号心(3.3节)及四面体的 $k+1$ 号球面概念

定义 1.1　　设四面体 $A_1A_2A_3A_4$ 的外心为 O,对于任一给定的正整数 k,顶点 A_j 所对的侧面记作 $\Delta_j(j=1,2,3,4)$.

(1)若点 P 满足等式

$$\overrightarrow{OP} = \frac{1}{k}\sum_{i=1}^{4}\overrightarrow{OA_i} \tag{1.1}$$

则称 P 为四面体 $A_1A_2A_3A_4$(关于点 O)的 k 号心.

---

①　沈康身.数学的魅力(一)[M].上海:上海辞书出版社,2004:270 - 280.
②　胡如松.垂心四面体的十二点球[J].中等数学,1998(3):23 - 24.
③　熊曾润.关于四面体的十二点共球定理[J].中学教研(数学),2004(6):41 - 43.

（2）对于满足 $1 \leqslant j \leqslant 4$ 的正整数 j，若点 P_j 满足等式

$$\overrightarrow{OP_j} = \frac{1}{k}\left(\sum_{i=1}^{4} \overrightarrow{OA_i} - \overrightarrow{OA_j}\right) \tag{1.2}$$

则称 P_j 为四面体 $A_1A_2A_3A_4$ 的侧面 Δ_j（关于点 O）的 k 号心.

定义 1.2[①] 设四面体 $A_1A_2A_3A_4$ 的外接球面为 $S(O,R)$，以四面体 $A_1A_2A_3A_4$ 的 $k+1$ 号心 Q 为球心、$\frac{R}{k+1}$ 为半径的球面，称为四面体 $A_1A_2A_3A_4$ 的 $k+1$ 号球面，记作 $S(Q,\frac{R}{k+1})$.

根据上述定义，可以推得：

定理 1.1 设四面体 $A_1A_2A_3A_4$ 的外接球面为 $S(O,R)$，P 为四面体 $A_1A_2A_3A_4$ 的 k 号心，则四面体 $A_1A_2A_3A_4$ 的 $k+1$ 号球面 $S(Q,\frac{R}{k+1})$ 必通过 PA_j 的第 1 个 $k+1$ 等分点 M_j（即 $PM_j : M_jA_j = 1 : k, j = 1,2,3,4$）.

证明：显然，只需证明 $|QM_j| = \frac{R}{k+1}$ 就行了.

事实上，根据定义 1.1（1）知

$$\overrightarrow{OQ} = \frac{1}{k+1}\sum_{i=1}^{4} \overrightarrow{OA_i} \tag{1.3}$$

而 M_j 满足 $PM_j : M_jA_j = 1 : k$，所以有

$$\overrightarrow{OM_j} = \frac{\overrightarrow{OA_j} + k\overrightarrow{OP}}{1+k} = \frac{1}{1+k}\left(\sum_{i=1}^{4} \overrightarrow{OA_i} + \overrightarrow{OA_j}\right) \tag{1.4}$$

则

$$\overrightarrow{QM_j} = \overrightarrow{OM_j} - \overrightarrow{OQ} = \frac{1}{k+1}\overrightarrow{OA_j}$$

但顶点 A_j 在球面 $S(O,R)$ 上，所以 $|OA_j| = R$，从而由上式可知 $|QM_j| = \frac{R}{k+1}(j = 1,2,3,4)$. 证毕.

定理 1.2 设四面体 $A_1A_2A_3A_4$ 的外接球面为 $S(O,R)$，则其 $k+1$ 号球面 $S(Q,\frac{R}{k+1})$ 必通过各侧面 Δ_j 的 $k+1$ 号心 $Q_j(j = 1,2,3,4)$.

---

① 熊曾润. 关于四面体的十二点共球定理[J]. 中学教研（数学），2004（6）：41 – 43.

证明:显然,只需证明 $|QQ_j| = \dfrac{R}{k+1}$ 就行了.

事实上,根据定义 1.1(2) 知,点 Q_j 满足

$$\overrightarrow{OQ_j} = \frac{1}{k+1}\left(\sum_{i=1}^{4} \overrightarrow{OA_i} - \overrightarrow{OA_j}\right) \qquad (1.5)$$

而 Q 满足(1.3),所以有

$$\overrightarrow{Q_jQ} = \overrightarrow{OQ} - \overrightarrow{OQ_j} = \frac{1}{k+1}\overrightarrow{OA_j}$$

由此可知 $|QQ_j| = \dfrac{R}{k+1}$ $(j = 1,2,3,4)$. 证毕.

定理 1.3　设四面体 $A_1A_2A_3A_4$ 的外接球面为 $S(O,R)$,其 k 号心为 P,侧面 Δ_j 的 $k+1$ 号心为 Q_j. 过点 Q_j 作直线与直线 A_jP 垂直相交于 H_j,则四面体 $A_1A_2A_3A_4$ 的 $k+1$ 号球面 $S(Q,\dfrac{R}{k+1})$ 必通过诸垂足 $H_j(j = 1,2,3,4)$.

证明:取 PA_j 的第 1 个 $k+1$ 等分点 M_j,则由定理1.1和定理1.2可知,点 M_j 和 Q_j 都在球面 $S(Q,\dfrac{R}{k+1})$ 上;又已知 $\angle Q_jH_jM_j = 90°$. 据此易知,要证明球面 $S(Q,\dfrac{R}{k+1})$ 通过垂足 H_j,只需证明线段 Q_jM_j 是这个球面的直径就行了.

事实上,点 Q_j 和 M_j 分别满足(1.5)和(1.4),所以有

$$\overrightarrow{Q_jM_j} = \overrightarrow{OM_j} - \overrightarrow{OQ_j} = \frac{2}{k+1}\overrightarrow{OA_j}$$

由此可知, $|Q_jM_j| = \dfrac{2}{k+1}R$,因此线段 Q_jM_j 是球面 $S(Q,\dfrac{R}{k+1})$ 的直径 $(j = 1,2,3,4)$. 证毕.

综合定理 1.1,1.2,1.3,可得:

定理 1.4[①]　设 P 为四面体 $A_1A_2A_3A_4$ 的 k 号心,则四面体 $A_1A_2A_3A_4$ 的 $k+1$ 号球面 $S(Q,\dfrac{R}{k+1})$ 必通过十二个特殊点,即:PA_j 的第 1 个 $k+1$ 等分点 M_j(即 $PM_j : M_jA_j = 1 : k, j = 1,2,3,4$);各侧面 Δ_j 的 $k+1$ 号心 $Q_j(j = 1,2,3,4)$;过点 Q_j 作直线与直线 A_jP 垂直相交的垂足 $H_j(j = 1,2,3,4)$.

---

①　熊曾润.关于四面体的十二点共球定理[J].中学教研(数学),2004(6):41 – 43.

在定理 1.4 中令 $k = 1$ 即得命题 1.2;在定理 1.4 中令 $k = 2$ 即得:

推论 1.1 设 P 为四面体 $A_1A_2A_3A_4$ 的 2 号心(欧拉球心),则四面体 $A_1A_2A_3A_4$ 的 3 号球面 $S(Q, \frac{R}{3})$ 必通过十二个特殊点,即:PA_j 的第 1 个三等分点 M_j(即 $PM_j : M_jA_j = 1 : 2, j = 1,2,3,4$);各侧面 Δ_j 的 3 号心 Q_j(即 Δ_j 的重心, $j = 1,2,3,4$);过点 Q_j 作直线与直线 A_jP 垂直相交的垂足 $H_j(j = 1,2,3,4)$.

在推论 1.1 中,当四面体 $A_1A_2A_3A_4$ 为垂心四面体时,注意到垂心四面体的欧拉球心 P 就是其垂心(3.1 节).四面体的 3 号心 Q 满足

$$\overrightarrow{OQ} = \frac{1}{3}\sum_{i=1}^{4}\overrightarrow{OA_i} = \frac{2}{3} \cdot \frac{1}{2}\sum_{i=1}^{4}\overrightarrow{OA_i} = \frac{2}{3}\overrightarrow{OP}$$

即 Q 是四面体外心 O 与垂心 P 连线的第 2 个三等分点. 于是可知,所得结论就得命题 1.1.

由此可知,定理 1.4 是命题 1.1 与命题 1.2 的统一推广.

按照本节定义的概念来表述,定理 1.4 实质上已将四面体十二点共球性质从四面体的 2 号球面(命题 1.2)和 3 号球面(推论 1.1)推广至四面体的 $k + 1$ 号球面. 这似乎应该算是第 1 类十二点共球定理的"终极"推广!其实不然,熊曾润教授还将定理 1.4 做了进一步的推广研究(将四面体关于外心 O 的 k 号心和 $k + 1$ 号球面推广至四面体的"广义 k 号心"和"广义 $k + 1$ 号球面"). 有兴趣的读者可查阅熊曾润教授的另一篇论文《再谈四面体的十二点共球定理》[1],这里不再介绍.

2 四面体的二十点球和三十二点球

对于四面体第 1 类十二点共球定理的推广研究还有其他方式,这里也做一介绍.

(1)四面体的二十点球

2010 年,耿恒考[2]得到了四面体二十点共球定理. 原文的表述是:

命题 1.3 四面体各面三角形的重心、经过顶点与垂心的外接球的弦被垂心分成的两条线段的三等分点(靠近垂心)、经过垂心且垂直于一个面的外接球的弦被垂心分成的两条线段的三等分点(靠近垂心),这 20 个点共球,其半径

① 熊曾润. 再谈四面体的十二点共球定理[J]. 中学教研(数学),2013(9):32 – 33.
② 耿恒考. 四面体的重心与垂心的性质[J]. 数学通报,2010(10):55 – 57.

等于外接球半径的 $\dfrac{1}{3}$，球心是重心与垂心连线的三等分点(靠近重心).

命题 1.3 中所说四面体的"垂心"是四面体的蒙日点也即欧拉球心(详见 3.1 节). 因此，命题 1.3 实质上是在推论 1.1 中共球十二点的基础上增加了另外八个点，即:

命题 1.3'　设 P 为四面体 $A_1A_2A_3A_4$ 的欧拉球心，则四面体 $A_1A_2A_3A_4$ 的 3 号球面 $S\left(Q,\dfrac{R}{3}\right)$ 必通过二十个特殊点，即: PA_j 的第 1 个三等分点 $M_j(j=1,2,3,4)$；各侧面 Δ_j 的重心 $Q_j(j=1,2,3,4)$；过点 Q_j 作直线与直线 A_jP 垂直相交的垂足 $H_j(j=1,2,3,4)$；经过 P 且垂直于一个面 Δ_j 的外接球的弦 $A'_jB'_j$ 被 P 分成的两条线段的三等分点(靠近 P) $N_j,N'_j(j=1,2,3,4)$.

证明:根据推论 1.1，只需证命题 1.3' 中新增的八个点 $N_j,N'_j(j=1,2,3,4)$ 在球面 $S\left(Q,\dfrac{R}{3}\right)$ 上.

如图 1.1，只需考察过点 P 垂直侧面 Δ_1 的直线与四面体外接球相交所得的弦 $A'_1B'_1$，设线段 PA'_1，PB'_1 的三等分点(靠近 P) 分别为 N_1，N'_1.

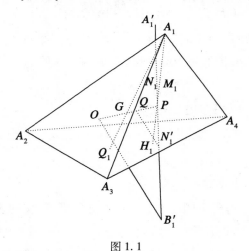

图 1.1

连 QN'_1，OB'_1. 注意到 P，Q 分别是四面体 $A_1A_2A_3A_4$ 的 2 号心、3 号心，根据定义 1.1(1) 知

$$\overrightarrow{OP}=\frac{1}{2}\sum_{i=1}^{4}\overrightarrow{OA_i};\quad \overrightarrow{OQ}=\frac{1}{3}\sum_{i=1}^{4}\overrightarrow{OA_i}$$

因此

$$\overrightarrow{QP} = \overrightarrow{OP} - \overrightarrow{OQ} = \frac{1}{6}\sum_{i=1}^{4}\overrightarrow{OA_i} = \frac{1}{3}\overrightarrow{OP}$$

于是有

$$\frac{PQ}{PO} = \frac{PN'_1}{PB'_1} = \frac{1}{3}$$

故此

$$|QN'_1| = \frac{1}{3}|OB'_1| = \frac{1}{3}R$$

同理可证

$$|QN_1| = \frac{1}{3}|OA_1| = \frac{1}{3}R$$

表明 N_1, N'_1 在球面 $S(Q, \frac{R}{3})$ 上. 命题 1.3′ 获证.

为了说明命题 1.3′ 与命题 1.3 等价,我们还需证明命题 1.3′ 中点 H_j 是过 A_j, P 的四面体外接球的弦被 P 分成两条线段之一的三等分点. 即在图 1.2 中, 设 A_1P 与四面体的外接球面交于另一点 B_1,作 $Q_1H_1 \perp A_1P$,垂足为 H_1,显然 H_1 在线段 PB_1 上. 需证明

$$\frac{PH_1}{PB_1} = \frac{1}{3}$$

定理 1.3   已证 H_1 在球面 $S(Q, \frac{R}{3})$ 上,即 $|QH_1| = \frac{1}{3}R$.

根据上面的证明又知 $\frac{PQ}{PO} = \frac{1}{3}$.

注意到 $|OB_1| = R$,则 $\frac{QH_1}{OB_1} = \frac{1}{3} = \frac{PQ}{PO}$.

表明 $QH_1 /\!/ OB_1$,于是 $\frac{PH_1}{PB_1} = \frac{1}{3}$. 证毕.

观察上述证明过程不难发现:图 1.1 中,过点 P 的弦 $A'_1B'_1$ 是否与侧面 Δ_1 垂直无关紧要. 事实上,经过 P 的任一弦 $A'_jB'_j$ 被 P 分成的两条线段的三等分点 (靠近 P) 均在 3 号球面 $S(Q, \frac{R}{3})$ 上(上面的证法仍适合). 特别地,当这弦经过 四面体的顶点 A_j 时,此弦上的一对三等分点就是命题 1.3′ 中的 $M_j, H_j(j = 1, 2,$

145

3,4).

由此可知,命题 1.3′ 可推广为更一般的命题.

命题 1.4 设 P 为四面体 $A_1A_2A_3A_4$ 的欧拉球心,则四面体 $A_1A_2A_3A_4$ 的 3 号球面 $S\left(Q,\dfrac{R}{3}\right)$ 必通过下述特殊点,即:各侧面 Δ_j 的重心 $Q_j(j=1,2,3,4)$;经过 P 的外接球的弦 $A'_jB'_j$ 被 P 分成的两条线段的三等分点(靠近 P)$N_j,N'_j(j=1,2,3,4)$.

注:在命题 1.4 中看似共球点少了,实则共球点已远不止二十个了.

(2)四面体的三十二点球

在四面体 3 号球面 $S\left(Q,\dfrac{R}{3}\right)$ 上,我们还可以继续挖掘出其他的特殊点.

定理 1.5 设 P,Q,G 分别为四面体 $A_1A_2A_3A_4$ 的欧拉球心、3 号心、重心,直线 A_jP 与四面体外接球面的另一交点为 B_j,PB_j 的三等分点(靠近 P)为 $H_j(j=1,2,3,4)$. 则直线 H_jQ 与 B_jG 的交点 $T_j(j=1,2,3,4)$ 在四面体 $A_1A_2A_3A_4$ 的 3 号球面 $S\left(Q,\dfrac{R}{3}\right)$ 上.

证明:如图 1.2,设 H_1 是 PB_1 的三等分点(靠近 P),直线 H_1Q 与 B_1G 的交点 T_1. 欲证 T_1 在球面 $S\left(Q,\dfrac{R}{3}\right)$ 上,只需证 $|QT_1|=\dfrac{1}{3}R$.

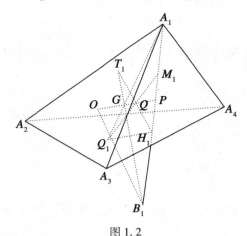

图 1.2

根据前面的证明知 $QH_1 /\!/ OB_1$,则 $\triangle QGT_1 \backsim \triangle OGB_1$.

根据四面体重心的定义①知(3.1 节定理 1.10) $\overrightarrow{OG} = \dfrac{1}{4}\sum\limits_{i=1}^{4}\overrightarrow{OA_i}$,又 $\overrightarrow{OQ} = \dfrac{1}{3}\sum\limits_{i=1}^{4}\overrightarrow{OA_i}$.

因此

$$\overrightarrow{GQ} = \overrightarrow{OQ} - \overrightarrow{OG} = \frac{1}{12}\sum_{i=1}^{4}\overrightarrow{OA_i} = \frac{1}{3}\overrightarrow{OG}$$

于是可得 $\dfrac{QT_1}{OB_1} = \dfrac{GQ}{OG} = \dfrac{1}{3}$,即 $|QT_1| = \dfrac{1}{3}|OB_1| = \dfrac{1}{3}R$. 证毕.

定理 1.6   设 P,Q,G 分别为四面体 $A_1A_2A_3A_4$ 的欧拉球心、3 号心、重心,M_j 是 PA_j 的三等分点(靠近 $P,j = 1,2,3,4$).则四面体 $A_1A_2A_3A_4$ 的 3 号球面 $S(Q, \dfrac{R}{3})$ 经过下述八个特殊点,即:点 M_j 在侧面 Δ_j 上的射影 U_j;U_j 关于点 Q 的对称点 $U'_j(j = 1,2,3,4)$.

证明:根据前面诸命题知,M_j 与各侧面 Δ_j 的重心 Q_j 均在 3 号球面 $S(Q, \dfrac{R}{3})$ 上,且 Q_jM_j 是该球面的直径($j = 1,2,3,4$).

如图 1.3,M_1 在侧面 Δ_1 上的射影为 U_1,则 $\angle Q_1U_1M_1 = 90^\circ$,因此 U_1 在 3 号球面 $S(Q, \dfrac{R}{3})$ 上,而 U'_1 是 U_1 在 3 号球面上的对径点. 表明诸点 $U_j,U'_j(j = 1, 2,3,4)$ 在 3 号球面 $S(Q, \dfrac{R}{3})$ 上. 证毕.

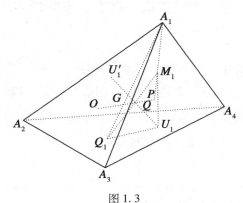

图 1.3

①   沈康身. 数学的魅力(一)[M]. 上海:上海辞书出版社,2004:267 – 268.

定理 1.5、定理 1.6（及命题 1.3′、命题 1.4）显然也能像前面那样进一步推广至四面体的 $k+1$ 号球面. 这里不再赘述.

其中，将定理 1.6 中 $M_j, Q_j, U_j (j = 1,2,3,4)$ 在 3 号球面 $S(Q, \frac{R}{3})$ 上称作另类的"十二点球定理"已被推广至 n 维单形中[①].

如果在命题 1.3′ 的共球二十点的基础上再加上定理 1.5、定理 1.6 中的十二个点，就得下面的四面体三十二点共球定理：

定理 1.7（四面体三十二点共球定理） 设 P, Q, G 分别为四面体 $A_1A_2A_3A_4$ 的欧拉球心、3 号心、重心，则四面体 $A_1A_2A_3A_4$ 的 3 号球面 $S(Q, \frac{R}{3})$ 必通过三十二个特殊点，即：

（i）PA_j 的第 1 个三等分点 $M_j (j = 1,2,3,4)$；

（ii）各侧面 Δ_j 的重心 $Q_j (j = 1,2,3,4)$；

（iii）过点 Q_j 作直线与直线 A_jP 垂直相交的垂足 $H_j (j = 1,2,3,4)$；

（iv）经过 P 且垂直于一个面 Δ_j 的外接球的弦 $A'B'$ 被 P 分成的两条线段的三等分点（靠近 P）$N_j, N'_j (j = 1,2,3,4)$；

（v）直线 H_jQ 与 B_jG 的交点 $T_j (j = 1,2,3,4)$；

（vi）点 M_j 在侧面 Δ_j 上的射影 $U_j (j = 1,2,3,4)$；

（vii）U_j 关于点 Q 的对称点 $U'_j (j = 1,2,3,4)$.

10.2　垂心四面体第 2 类十二点共球定理的推广

1　引言

如上节所述，近年来四面体十二点共球定理的推广研究，是将十二点共球定理由垂心四面体推广至一般四面体中. 但此类研究一般都是对第 1 类十二点共球定理（即四面体的普鲁海（Prouhet）球面（10.1 节命题 1.1））的推广[②③④]. 而第 2 类十二点球定理的推广研究则似乎没有见过.

---

① M Buba-Brzozowa. The Monge point and the $3(n+1)$ point sphere of an n-simplex[J]. Journal for Geometry & Graphics, vol. 9(2005), No. 1, 31 – 36.

② 沈康身. 数学的魅力（一）[M]. 上海：上海辞书出版社, 2004：267 – 268.

③ 熊曾润. 关于四面体的十二点共球定理[J]. 中学教研（数学）, 2004(6)：41 – 43.

④ 耿恒考. 四面体的重心与垂心的性质[J]. 数学通报, 2010(10)：55 – 57.

垂心四面体的第 2 类十二点球定理是法国数学家坦佩莱(Temperley)与莱维(Lévy)于 1881 年发现的(3.1 节定理 1.6).

命题 2.1　垂心四面体中,每个侧面三角形的三条高的垂足、六条棱的中点共十二点共球,球心是四面体的重心.

在命题 2.1 中,由于四面体的十二点球面经过每个侧面三角形三边的中点、三条高的垂足(均在此三角形九点圆上),因此,四面体的十二点球面与该侧面的交线就是该侧面三角形的九点圆,而九点圆还经过另外三点 —— 顶点与垂心连线的中点,所以,命题 2.1 中的十二点球面事实上经过了三十六个特殊点.这就是垂心四面体的三十六点共球定理[①].

本节尝试对垂心四面体的第 2 类十二点球定理(命题 2.1)进行推广.

2　命题 2.1 的新证与推广

命题 2.1 的证法一般是将四面体两组对棱的中点(四点)顺次连成一个四边形,证得此四边形是矩形,三个矩形的中心重合且到十二个点距离相等(详见"坦佩莱自证"[①]).这种证法十分简洁,但美中不足的是这种证法不容易移植到一般四面体中.这也许就是命题 2.1 不易推广的一个原因.

下面先给出命题 2.1 的一种新证法,然后将命题 2.1 推广至一般四面体中.

命题 2.1 **新证**:如图 2.1,设垂心四面体 $A_1A_2A_3A_4$ 的外心为 O,重心为 G,垂心为 H.记四面体 $A_1A_2A_3A_4$ 的棱 A_iA_j 的中点为 $O_{ij}(1 \leqslant i < j \leqslant 4)$、各侧面三角形的高在相应的棱 A_iA_j 上的垂足为 $H_{ij}(1 \leqslant i < j \leqslant 4)$.

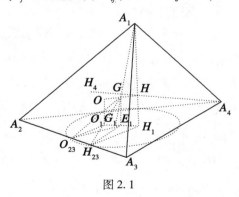

图 2.1

由四面体的欧拉线定理(3.1 节定理 1.9)知,O,G,H 共线且 G 是 OH 的中点.

---

①　沈康身.数学的魅力(一)[M].上海:上海辞书出版社,2004:278 - 280.

设 A_1H 交侧面 $A_2A_3A_4$ 于 H_1，则 $A_1H \perp$ 侧面 $A_2A_3A_4$.

由垂心四面体的对棱互相垂直易知，H_1 是 $\triangle A_2A_3A_4$ 的垂心.

设 O,G 在侧面 $A_2A_3A_4$ 上的射影为 O_1,E_1，则 O_1 是 $\triangle A_2A_3A_4$ 的外心，且有 $OO_1 \parallel A_1H$，因此 OO_1 与 A_1H 共面，且 G 也在此平面上. 因此 E_1 在 O_1H_1 上，且 E_1 是 O_1H_1 的中点. 则 E_1 是 $\triangle A_2A_3A_4$ 的九点圆（记为 $\odot E_1$）的圆心[①]. $\odot E_1$ 经过 $\triangle A_2A_3A_4$ 三边的中点 $O_{ij}(2 \leq i < j \leq 4)$、三条高的垂足 $H_{ij}(2 \leq i < j \leq 4)$. 设 $\odot E_1$ 的半径为 r_1，则有 $|E_1O_{ij}| = |E_1H_{ij}| = r_1 \quad (2 \leq i < j \leq 4)$. 因此有

$$|GO_{ij}| = \sqrt{|GE_1|^2 + |E_1O_{ij}|^2} = \sqrt{|GE_1|^2 + r_1^2}$$
$$= \sqrt{|GE_1|^2 + |E_1H_{ij}|^2} = |GH_{ij}| \quad (2 \leq i < j \leq 4)$$

即

$$|GO_{23}| = |GO_{34}| = |GO_{24}| = |GH_{23}| = |GH_{34}| = |GH_{24}|$$

再分别考察侧面 $A_1A_2A_3, A_1A_3A_4$ 同理可得

$$|GO_{12}| = |GO_{23}| = |GO_{13}| = |GH_{12}| = |GH_{23}| = |GH_{13}|$$
$$|GO_{13}| = |GO_{14}| = |GO_{34}| = |GH_{13}| = |GH_{14}| = |GH_{34}|$$

综上可得 $|GO_{ij}| = |GH_{ij}|(1 \leq i < j \leq 4)$. 这就表明十二个点 $O_{ij}, H_{ij}(1 \leq i < j \leq 4)$ 共球，球心为 G. 证毕.

从上述证法可以看出，导致十二点共球的一个关键条件是 —— 每个侧面三角形三边上的六点都共圆. 因此，命题 2.1 可以推广为：

定理 2.1 四面体 $A_1A_2A_3A_4$ 所在空间中，有共线三点 O,G,H，且 G 是 OH 的中点. O,H 在棱 A_iA_j 上的射影分别为 $O_{ij},H_{ij}(1 \leq i < j \leq 4)$，如果在这十二个点中，每个侧面三角形三边上的六个点都共圆，那么这 12 点共球，球心是 G.

证明：如图 2.2，设 O,G,H 在侧面 $A_2A_3A_4$ 上的射影为 O_1,E_1,H_1，则 E_1 是 O_1H_1 的中点. 由三垂线定理知 $O_1O_{23} \perp A_2A_3, H_1H_{23} \perp A_2A_3$，则 $O_{23}H_{23}$ 的中垂线经过 E_1，同理可知 $O_{34}H_{34}, O_{24}H_{24}$ 的中垂线也经过 E_1. 于是，侧面 $\triangle A_2A_3A_4$ 三边上的 6 点 $O_{23}, H_{23}, O_{34}, H_{34}, O_{24}, H_{24}$ 共圆，其圆心就是 E_1，记此圆为 $\odot E_1$，并设 $\odot E_1$ 的半径为 r_1，则有 $|E_1O_{ij}| = |E_1H_{ij}| = r_1(2 \leq i < j \leq 4)$. 因此有

---

① R. A. 约翰逊，著，单墫，译. 近代欧氏几何学[M]. 上海：上海教育出版社，1999：170.

$$|GO_{ij}| = \sqrt{|GE_1|^2 + |E_1O_{ij}|^2} = \sqrt{|GE_1|^2 + r_1^2}$$
$$= \sqrt{|GE_1|^2 + |E_1H_{ij}|^2} = |GH_{ij}| \quad (2 \leqslant i < j \leqslant 4)$$

即

$$|GO_{23}| = |GO_{34}| = |GO_{24}| = |GH_{23}| = |GH_{34}| = |GH_{24}|$$

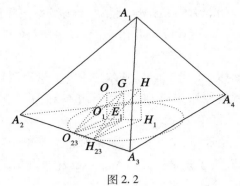

图 2.2

再分别考察侧面 $A_1A_2A_3$, $A_1A_3A_4$ 同理可得

$$|GO_{12}| = |GO_{23}| = |GO_{13}| = |GH_{12}| = |GH_{23}| = |GH_{13}|$$
$$|GO_{13}| = |GO_{14}| = |GO_{34}| = |GH_{13}| = |GH_{14}| = |GH_{34}|$$

综上可得 $|GO_{ij}| = |GH_{ij}|(1 \leqslant i < j \leqslant 4)$. 这就表明 12 个点 O_{ij}, $H_{ij}(1 \leqslant i < j \leqslant 4)$ 共球, 球心为 G. 证毕.

定理 2.1 中, 当 $A_1A_2A_3A_4$ 为垂心四面体, 且 O, G, H 分别是四面体的外心、重心、垂心时, 就得命题 2.1. 由此可知, 命题 2.1 是定理 2.1 的特例, 定理 2.1 是命题 2.1 的一种推广.

参考文献

［1］沈康身.数学的魅力(一)［M］.上海:上海辞书出版社,2004.

［2］R.A.约翰逊,著.近代欧氏几何学［M］.单墫,译.上海:上海教育出版社,1999.

［3］苏化明.四面体［M］.哈尔滨:哈尔滨工业大学出版社,2018.

［4］朱德祥.初等数学复习及研究(立体几何)［M］.北京:人民教育出版社,1979.

［5］沈文选.单形论导引［M］.长沙:湖南师范大学出版社,2000.

［6］杨世国,余静.关于 n 维情形的 Menelaus 定理与 Ceva 定理［J］.太原科技大学学报,2007,28(1):57 – 59.

［7］曾建国.三角形外角平分线的一个性质的空间推广［J］.中学数学研究,2011(3):43.

［8］曾建国.四面体的侧棱切球与奈格尔(Nagel)点［J］.中学数学教学,2010(4):58 – 60.

［9］曾建国.四面体的约尔刚(Gergonne)点［J］.数学通讯,2009(12):31 – 32.

［10］曾建国.四面体六面共点的一个充要条件［J］.中学数学研究,2022(7)(下半月):35 – 37.

［11］耿恒考.四面体的重心与垂心的性质［J］.数学通报,2010(10):55 – 57.

［12］曾建国.四面体的一个六点共面定理——三角形一个共线点命题的空间移植［J］.中学数学研究,2022(4)(上半月):20 – 21.

［13］曾建国.四面体垂心研究的进展［J］.赣南师范大学学报,2022,43(6):19 – 22.

［14］熊曾润.漫谈四面体垂心的概念与性质［J］.数学通讯,2014(11):44 – 45.

［15］曾建国.垂心四面体的垂心的一个向量形式——兼谈四面体的垂心与欧拉球心之间的关系［J］.中学数学研究,2009(2):27 – 28.

［16］曾建国.四面体的界心［J］.数学通报,2022(1):59 – 60.

[17]熊曾润,曾建国.共球有限点集的k号心及其性质[J].数学的实践与认识,2008(7):148－152.

[18]曾建国.四面体的等距共轭点及其性质[J].数学通讯,2006(15):32－33.

[19]曾建国.四面体的等距共轭点性质初探[J].中国初等数学研究,2009(1):35－39.

[20]曾建国.四面体的等角共轭点性质初探[J].数学通报,2012(4):60－63.

[21]曾建国.四面体的共轭重心及其性质[J].数学通讯,2022(9)(下半月):42－44.

[22]熊曾润.四面体的奈格尔点与斯俾克球面[C]∥第七届全国初等数学研究学术交流会论文集,2009.8.

[23]曾建国.三角形一个性质在四面体中的推广[J].数学通报,2017(10):60－62.

[24]曾建国.三角形两个性质在四面体中的引申[J].数学通报,2018(11):62－63.

[25]曾建国.三角形两个命题的空间引申[J].中学数学教学,2021(4):70－72.

[26]曾建国.基于德萨格定理的四面体的一组性质[J].赣南师范大学学报,2019(6):14－15.

[27]曾建国.两球的根轴面及根心定理[J].中学数学教学,2022(3):75－76.

[28]曾建国.Hagge 定理的空间推广[J].中学数学研究,2014(5):47.

[29]熊曾润.四面体的欧拉球面及其性质[M]∥杨学枝.中国初等数学研究(2009卷).哈尔滨:哈尔滨工业大学出版社,2009:40－43.

[30]熊曾润.球内接多面体的伪垂心及其性质[J].福建中学数学,2005(5):17－19.

[31]熊曾润.一个美妙的多圆共球定理[J].中学教研(数学),2005(12):41－42.

[32]胡如松.垂心四面体的十二点球[J].中等数学,1998(3):23－24.

[33]熊曾润.关于四面体的十二点共球定理[J].中学教研(数学),2004(6):41－43.

[34]熊曾润.再谈四面体的十二点共球定理[J].中学教研(数学),2013(9):32－33.

附表 四面体的特征点一览

序号	特征点	何种四面体	定义	基本特性	重心坐标	页码
1	重心 G	任意四面体	1. 顶点与对面重心连线,四线交于一点 2. 过一棱与对棱中点的平面,六面交于一点 3. $\overrightarrow{OG} = \dfrac{1}{4}\sum\limits_{i=1}^{4}\overrightarrow{OA_i}$	G 是 OE 的中点	$(1:1:1:1)$	8, 20, 86, 93
2	外心 O	任意四面体	1. 外接球的球心 2. 六条棱的垂直平分面交于一点			25
3	内心 I	任意四面体	1. 内切球球心 2. 六个内二面角平分面交于一点		$(S_1:S_2:S_3:S_4)$	8, 86
4	旁心 I_1	任意四面体	与一个侧面 Δ_1 相切、与另外三个侧面的延长平面相切的球的球心.	4 个临面区各有 1 个旁切球	$(-S_1:S_2:S_3:S_4)$	58, 93
5	欧拉球心 E（蒙日点）	任意四面体	1. $\overrightarrow{OE} = \dfrac{1}{2}\sum\limits_{i=1}^{4}\overrightarrow{OA_i}$ 2. 过一棱的中点向对棱引垂面,六面交于一点	E 是 OW 的中点；G 是 OE 的中点；在垂心四面体中 E 与 H 合同		27
6	垂心 H	垂心四面体（三组对棱互相垂直的四面体）	四条高交于一点	H 与 E 合同		24

续附表

序号	特征点	何种四面体	定义	基本特性	重心坐标	页码
7	伪垂心 W	任意四面体	$\overrightarrow{OW} = \sum_{i=1}^{4} \overrightarrow{OA_i}$	E 是 OW 的中点		27
8	界心 S（斯俾克球心）	任意四面体	1. 六个周界中面共点 2. $\overrightarrow{IS} = \frac{1}{2}\sum_{i=1}^{4}\overrightarrow{IA_i}$ 3. 斯俾克球面的球心	G 是 IS 的中点	$(\Delta - S_1 : \Delta - S_2 : \Delta - S_3 : \Delta - S_4)$	30, 66, 95
9	奈格尔点 N	三组对棱之和相等的四面体	1. 过一棱与侧棱切球的切点及其对棱作平面,六面交于一点 2. 顶点与所对侧面三角形的奈格尔点连线,四线共点	与三角形(界心与奈格尔点合同)的情形不同,四面体的界心与奈格尔点是不同的点		63
10	伪界心 N_a(一般四面体的奈格尔点)	任意四面体	$\overrightarrow{IN_a} = \sum_{i=1}^{4}\overrightarrow{IA_i}$	S 是 IN_a 的中点		66
11	关于 O 的 k 号心 Q	任意四面体	$\overrightarrow{OQ} = \frac{1}{k}\sum_{i=1}^{4}\overrightarrow{OA_i}$	$OG : GQ = k : (4-k)$		34
12	等距共轭点 P 与 Q	任意四面体	4.2 节定理 2.1,定义 2.2	奈格尔点与葛尔刚点是等距共轭点	$P = (x : y : z : w)$ $Q = (\frac{1}{x} : \frac{1}{y} : \frac{1}{z} : \frac{1}{w})$	42, 99

155

序号	特征点	何种四面体	定义	基本特性	重心坐标	页码
13	等角共轭点 P 与 Q	任意四面体	4.3 节定理 3.5,定义 3.4	重心 G 与共轭重心 K 是等角共轭点	$P = (x : y : z : w)$ $Q = (\dfrac{S_1^2}{x} : \dfrac{S_2^2}{y} : \dfrac{S_3^2}{z} : \dfrac{S_4^2}{w})$	43,50,99
14	葛尔刚点 G_e	三组对棱之和相等的四面体	若四面体有内棱切球,则过每一条侧棱与内棱切球的切点及对棱作平面,6 个平面交于一点		见 7.3 节例 3.3	57,62,94
15	共轭重心 K(莱莫恩点)	任意四面体	重心 G 的等角共轭点		$(S_1^2 : S_2^2 : S_3^2 : S_4^2)$	53

刘培杰数学工作室
已出版(即将出版)图书目录——初等数学

书　名	出版时间	定　价	编号
新编中学数学解题方法全书(高中版)上卷(第2版)	2018—08	58.00	951
新编中学数学解题方法全书(高中版)中卷(第2版)	2018—08	68.00	952
新编中学数学解题方法全书(高中版)下卷(一)(第2版)	2018—08	58.00	953
新编中学数学解题方法全书(高中版)下卷(二)(第2版)	2018—08	58.00	954
新编中学数学解题方法全书(高中版)下卷(三)(第2版)	2018—08	68.00	955
新编中学数学解题方法全书(初中版)上卷	2008—01	28.00	29
新编中学数学解题方法全书(初中版)中卷	2010—07	38.00	75
新编中学数学解题方法全书(高考复习卷)	2010—01	48.00	67
新编中学数学解题方法全书(高考真题卷)	2010—01	38.00	62
新编中学数学解题方法全书(高考精华卷)	2011—03	68.00	118
新编平面解析几何解题方法全书(专题讲座卷)	2010—01	18.00	61
新编中学数学解题方法全书(自主招生卷)	2013—08	88.00	261
数学奥林匹克与数学文化(第一辑)	2006—05	48.00	4
数学奥林匹克与数学文化(第二辑)(竞赛卷)	2008—01	48.00	19
数学奥林匹克与数学文化(第二辑)(文化卷)	2008—07	58.00	36'
数学奥林匹克与数学文化(第三辑)(竞赛卷)	2010—01	48.00	59
数学奥林匹克与数学文化(第四辑)(竞赛卷)	2011—08	58.00	87
数学奥林匹克与数学文化(第五辑)	2015—06	98.00	370
世界著名平面几何经典著作钩沉——几何作图专题卷(共3卷)	2022—01	198.00	1460
世界著名平面几何经典著作钩沉(民国平面几何老课本)	2011—03	38.00	113
世界著名平面几何经典著作钩沉(建国初期平面三角老课本)	2015—08	38.00	507
世界著名解析几何经典著作钩沉——平面解析几何卷	2014—01	38.00	264
世界著名数论经典著作钩沉(算术卷)	2012—01	28.00	125
世界著名数学经典著作钩沉——立体几何卷	2011—02	28.00	88
世界著名三角学经典著作钩沉(平面三角卷Ⅰ)	2010—06	28.00	69
世界著名三角学经典著作钩沉(平面三角卷Ⅱ)	2011—01	38.00	78
世界著名初等数论经典著作钩沉(理论和实用算术卷)	2011—07	38.00	126
世界著名几何经典著作钩沉(解析几何卷)	2022—10	68.00	1564
发展你的空间想象力(第3版)	2021—01	98.00	1464
空间想象力进阶	2019—05	68.00	1062
走向国际数学奥林匹克的平面几何试题诠释.第1卷	2019—07	88.00	1043
走向国际数学奥林匹克的平面几何试题诠释.第2卷	2019—09	78.00	1044
走向国际数学奥林匹克的平面几何试题诠释.第3卷	2019—03	78.00	1045
走向国际数学奥林匹克的平面几何试题诠释.第4卷	2019—09	98.00	1046
平面几何证明方法全书	2007—08	35.00	1
平面几何证明方法全书习题解答(第2版)	2006—12	18.00	10
平面几何天天练上卷·基础篇(直线型)	2013—01	58.00	208
平面几何天天练中卷·基础篇(涉及圆)	2013—01	28.00	234
平面几何天天练下卷·提高篇	2013—01	58.00	237
平面几何专题研究	2013—07	98.00	258
平面几何解题之道.第1卷	2022—05	38.00	1494
几何学习题集	2020—10	48.00	1217
通过解题学习代数几何	2021—04	88.00	1301
圆锥曲线的奥秘	2022—06	88.00	1541

刘培杰数学工作室
已出版(即将出版)图书目录——初等数学

书　名	出版时间	定　价	编号
最新世界各国数学奥林匹克中的平面几何试题	2007—09	38.00	14
数学竞赛平面几何典型题及新颖解	2010—07	48.00	74
初等数学复习及研究(平面几何)	2008—09	68.00	38
初等数学复习及研究(立体几何)	2010—06	38.00	71
初等数学复习及研究(平面几何)习题解答	2009—01	58.00	42
几何学教程(平面几何卷)	2011—03	68.00	90
几何学教程(立体几何卷)	2011—07	68.00	130
几何变换与几何证题	2010—06	88.00	70
计算方法与几何证题	2011—06	28.00	129
立体几何技巧与方法(第2版)	2022—10	168.00	1572
几何瑰宝——平面几何500名题暨1500条定理(上、下)	2021—07	168.00	1358
三角形的解法与应用	2012—07	18.00	183
近代的三角形几何学	2012—07	48.00	184
一般折线几何学	2015—08	48.00	503
三角形的五心	2009—06	28.00	51
三角形的六心及其应用	2015—10	68.00	542
三角形趣谈	2012—08	28.00	212
解三角形	2014—01	28.00	265
探秘三角形:一次数学旅行	2021—10	68.00	1387
三角学专门教程	2014—09	28.00	387
图天下几何新题试卷.初中(第2版)	2017—11	58.00	855
圆锥曲线习题集(上册)	2013—06	68.00	255
圆锥曲线习题集(中册)	2015—01	78.00	434
圆锥曲线习题集(下册·第1卷)	2016—10	78.00	683
圆锥曲线习题集(下册·第2卷)	2018—01	98.00	853
圆锥曲线习题集(下册·第3卷)	2019—10	128.00	1113
圆锥曲线的思想方法	2021—08	48.00	1379
圆锥曲线的八个主要问题	2021—10	48.00	1415
论九点圆	2015—05	88.00	645
近代欧氏几何学	2012—03	48.00	162
罗巴切夫斯基几何学及几何基础概要	2012—07	28.00	188
罗巴切夫斯基几何学初步	2015—06	28.00	474
用三角、解析几何、复数、向量计算解数学竞赛几何题	2015—03	48.00	455
用解析法研究圆锥曲线的几何理论	2022—05	48.00	1495
美国中学几何教程	2015—04	88.00	458
三线坐标与三角形特征点	2015—04	98.00	460
坐标几何学基础.第1卷,笛卡儿坐标	2021—08	48.00	1398
坐标几何学基础.第2卷,三线坐标	2021—09	28.00	1399
平面解析几何方法与研究(第1卷)	2015—05	18.00	471
平面解析几何方法与研究(第2卷)	2015—06	18.00	472
平面解析几何方法与研究(第3卷)	2015—07	18.00	473
解析几何研究	2015—01	38.00	425
解析几何学教程.上	2016—01	38.00	574
解析几何学教程.下	2016—01	38.00	575
几何学基础	2016—01	58.00	581
初等几何研究	2015—02	58.00	444
十九和二十世纪欧氏几何学中的片段	2017—01	58.00	696
平面几何中考.高考.奥数一本通	2017—07	28.00	820
几何学简史	2017—08	28.00	833
四面体	2018—01	48.00	880
平面几何证明方法思路	2018—12	68.00	913
折纸中的几何练习	2022—09	48.00	1559
中学新几何学(英文)	2022—10	98.00	1562
线性代数与几何	2023—04	68.00	1633

刘培杰数学工作室
已出版（即将出版）图书目录——初等数学

书 名	出版时间	定 价	编号
平面几何图形特性新析.上篇	2019—01	68.00	911
平面几何图形特性新析.下篇	2018—06	88.00	912
平面几何范例多解探究.上篇	2018—04	48.00	910
平面几何范例多解探究.下篇	2018—12	68.00	914
从分析解题过程学解题:竞赛中的几何问题研究	2018—07	68.00	946
从分析解题过程学解题:竞赛中的向量几何与不等式研究(全2册)	2019—06	138.00	1090
从分析解题过程学解题:竞赛中的不等式问题	2021—01	48.00	1249
二维、三维欧氏几何的对偶原理	2018—12	38.00	990
星形大观及闭折线论	2019—03	68.00	1020
立体几何的问题和方法	2019—11	58.00	1127
三角代换论	2021—05	58.00	1313
俄罗斯平面几何问题集	2009—08	88.00	55
俄罗斯立体几何问题集	2014—03	58.00	283
俄罗斯几何大师——沙雷金论数学及其他	2014—01	48.00	271
来自俄罗斯的5000道几何习题及解答	2011—03	58.00	89
俄罗斯初等数学问题集	2012—05	38.00	177
俄罗斯函数问题集	2011—03	38.00	103
俄罗斯组合分析问题集	2011—01	48.00	79
俄罗斯初等数学万题选——三角卷	2012—11	38.00	222
俄罗斯初等数学万题选——代数卷	2013—08	68.00	225
俄罗斯初等数学万题选——几何卷	2014—01	68.00	226
俄罗斯《量子》杂志数学征解问题100题选	2018—08	48.00	969
俄罗斯《量子》杂志数学征解问题又100题选	2018—08	48.00	970
俄罗斯《量子》杂志数学征解问题	2020—05	48.00	1138
463个俄罗斯几何老问题	2012—01	28.00	152
《量子》数学短文精粹	2018—09	38.00	972
用三角、解析几何等计算来自俄罗斯的几何题	2019—11	88.00	1119
基谢廖夫平面几何	2022—01	48.00	1461
基谢廖夫立体几何	2023—04	48.00	1599
数学:代数、数学分析和几何(10—11年级)	2021—01	48.00	1250
立体几何.10—11年级	2022—01	58.00	1472
直观几何学:5—6年级	2022—04	58.00	1508
平面几何:9—11年级	2022—10	48.00	1571
谈谈素数	2011—03	18.00	91
平方和	2011—03	18.00	92
整数论	2011—05	38.00	120
从整数谈起	2015—10	28.00	538
数与多项式	2016—01	38.00	558
谈谈不定方程	2011—05	28.00	119
质数漫谈	2022—07	68.00	1529
解析不等式新论	2009—06	68.00	48
建立不等式的方法	2011—03	98.00	104
数学奥林匹克不等式研究(第2版)	2020—07	68.00	1181
不等式研究(第二辑)	2012—02	68.00	153
不等式的秘密(第一卷)(第2版)	2014—02	38.00	286
不等式的秘密(第二卷)	2014—01	38.00	268
初等不等式的证明方法	2010—06	38.00	123
初等不等式的证明方法(第二版)	2014—11	38.00	407
不等式·理论·方法(基础卷)	2015—07	38.00	496
不等式·理论·方法(经典不等式卷)	2015—07	38.00	497
不等式·理论·方法(特殊类型不等式卷)	2015—07	48.00	498
不等式探究	2016—03	38.00	582
不等式探秘	2017—01	88.00	689
四面体不等式	2017—01	68.00	715
数学奥林匹克中常见重要不等式	2017—09	38.00	845

刘培杰数学工作室
已出版(即将出版)图书目录——初等数学

书　名	出版时间	定　价	编号
三正弦不等式	2018－09	98.00	974
函数方程与不等式:解法与稳定性结果	2019－04	68.00	1058
数学不等式.第1卷,对称多项式不等式	2022－05	78.00	1455
数学不等式.第2卷,对称有理不等式与对称无理不等式	2022－05	88.00	1456
数学不等式.第3卷,循环不等式与非循环不等式	2022－05	88.00	1457
数学不等式.第4卷,Jensen不等式的扩展与加细	2022－05	88.00	1458
数学不等式.第5卷,创建不等式与解不等式的其他方法	2022－05	88.00	1459
同余理论	2012－05	38.00	163
[x]与{x}	2015－04	48.00	476
极值与最值.上卷	2015－06	28.00	486
极值与最值.中卷	2015－06	38.00	487
极值与最值.下卷	2015－06	28.00	488
整数的性质	2012－11	38.00	192
完全平方数及其应用	2015－08	78.00	506
多项式理论	2015－10	88.00	541
奇数、偶数、奇偶分析法	2018－01	98.00	876
不定方程及其应用.上	2018－12	58.00	992
不定方程及其应用.中	2019－01	78.00	993
不定方程及其应用.下	2019－02	98.00	994
Nesbitt不等式加强式的研究	2022－06	128.00	1527
最值定理与分析不等式	2023－02	78.00	1567
一类积分不等式	2023－02	88.00	1579
邦费罗尼不等式及概率应用	2023－05	58.00	1637
历届美国中学生数学竞赛试题及解答(第一卷)1950—1954	2014－07	18.00	277
历届美国中学生数学竞赛试题及解答(第二卷)1955—1959	2014－04	18.00	278
历届美国中学生数学竞赛试题及解答(第三卷)1960—1964	2014－06	18.00	279
历届美国中学生数学竞赛试题及解答(第四卷)1965—1969	2014－04	28.00	280
历届美国中学生数学竞赛试题及解答(第五卷)1970—1972	2014－06	18.00	281
历届美国中学生数学竞赛试题及解答(第六卷)1973—1980	2017－07	18.00	768
历届美国中学生数学竞赛试题及解答(第七卷)1981—1986	2015－01	18.00	424
历届美国中学生数学竞赛试题及解答(第八卷)1987—1990	2017－05	18.00	769
历届中国数学奥林匹克试题集(第3版)	2021－10	58.00	1440
历届加拿大数学奥林匹克试题集	2012－08	38.00	213
历届美国数学奥林匹克试题集:1972~2019	2020－04	88.00	1135
历届波兰数学竞赛试题集.第1卷,1949~1963	2015－03	18.00	453
历届波兰数学竞赛试题集.第2卷,1964~1976	2015－03	18.00	454
历届巴尔干数学奥林匹克试题集	2015－05	38.00	466
保加利亚数学奥林匹克	2014－10	38.00	393
圣彼得堡数学奥林匹克试题集	2015－01	38.00	429
匈牙利奥林匹克数学竞赛题解.第1卷	2016－05	28.00	593
匈牙利奥林匹克数学竞赛题解.第2卷	2016－05	28.00	594
历届美国数学邀请赛试题集(第2版)	2017－10	78.00	851
普林斯顿大学数学竞赛	2016－06	38.00	669
亚太地区数学奥林匹克竞赛题	2015－07	18.00	492
日本历届(初级)广中杯数学竞赛试题及解答.第1卷(2000~2007)	2016－05	28.00	641
日本历届(初级)广中杯数学竞赛试题及解答.第2卷(2008~2015)	2016－05	38.00	642
越南数学奥林匹克题选:1962—2009	2021－07	48.00	1370
360个数学竞赛问题	2016－08	58.00	677
奥数最佳实战题.上卷	2017－06	38.00	760
奥数最佳实战题.下卷	2017－05	58.00	761
哈尔滨市早期中学数学竞赛试题汇编	2016－07	28.00	672
全国高中数学联赛试题及解答:1981—2019(第4版)	2020－07	138.00	1176
2022年全国高中数学联合竞赛模拟题集	2022－06	30.00	1521

刘培杰数学工作室
已出版(即将出版)图书目录——初等数学

书　名	出版时间	定　价	编号
20 世纪 50 年代全国部分城市数学竞赛试题汇编	2017—07	28.00	797
国内外数学竞赛题及精解:2018~2019	2020—08	45.00	1192
国内外数学竞赛题及精解:2019~2020	2021—11	58.00	1439
许康华竞赛优学精选集.第一辑	2018—08	68.00	949
天问叶班数学问题征解 100 题.Ⅰ,2016—2018	2019—05	88.00	1075
天问叶班数学问题征解 100 题.Ⅱ,2017—2019	2020—07	98.00	1177
美国初中数学竞赛:AMC8 准备(共 6 卷)	2019—07	138.00	1089
美国高中数学竞赛:AMC10 准备(共 6 卷)	2019—08	158.00	1105
王连笑教你怎样学数学:高考选择题解题策略与客观题实用训练	2014—01	48.00	262
王连笑教你怎样学数学:高考数学高层次讲座	2015—02	48.00	432
高考数学的理论与实践	2009—08	38.00	53
高考数学核心题型解题方法与技巧	2010—01	28.00	86
高考思维新平台	2014—03	38.00	259
高考数学压轴题解题诀窍(上)(第 2 版)	2018—01	58.00	874
高考数学压轴题解题诀窍(下)(第 2 版)	2018—01	48.00	875
北京市五区文科数学三年高考模拟题详解:2013~2015	2015—08	48.00	500
北京市五区理科数学三年高考模拟题详解:2013~2015	2015—09	68.00	505
向量法巧解数学高考题	2009—08	28.00	54
高中数学课堂教学的实践与反思	2021—11	48.00	791
数学高考参考	2016—01	78.00	589
新课程标准高考数学解答题各种题型解法指导	2020—08	78.00	1196
全国及各省市高考数学试题审题要津与解法研究	2015—02	48.00	450
高中数学章节起始课的教学研究与案例设计	2019—05	28.00	1064
新课标高考数学——五年试题分章详解(2007~2011)(上、下)	2011—10	78.00	140,141
全国中考数学压轴题审题要津与解法研究	2013—04	78.00	248
新编全国及各省市中考数学压轴题审题要津与解法研究	2014—05	58.00	342
全国及各省市 5 年中考数学压轴题审题要津与解法研究(2015 版)	2015—04	58.00	462
中考数学专题总复习	2007—04	28.00	6
中考数学较难题常考题型解题方法与技巧	2016—09	48.00	681
中考数学难题常考题型解题方法与技巧	2016—09	48.00	682
中考数学中档题常考题型解题方法与技巧	2017—08	68.00	835
中考数学选择填空压轴好题妙解 365	2017—05	38.00	759
中考数学:三类重点考题的解法例析与习题	2020—04	48.00	1140
中小学数学的历史文化	2019—11	48.00	1124
初中平面几何百题多思创新解	2020—01	58.00	1125
初中数学中考备考	2020—01	58.00	1126
高考数学之九章演义	2019—08	68.00	1044
高考数学之难题谈笑间	2022—06	68.00	1519
化学可以这样学:高中化学知识方法智慧感悟疑难辨析	2019—07	58.00	1103
如何成为学习高手	2019—09	58.00	1107
高考数学:经典真题分类解析	2020—04	78.00	1134
高考数学解答题破解策略	2020—11	58.00	1221
从分析解题过程学解题:高考压轴题与竞赛题之关系探究	2020—08	88.00	1179
教学新思考:单元整体视角下的初中数学教学设计	2021—03	58.00	1278
思维再拓展:2020 年经典几何题的多解探究与思考	即将出版		1279
中考数学小压轴汇编初讲	2017—07	48.00	788
中考数学大压轴专题微言	2017—09	48.00	846
怎么解中考平面几何探索题	2019—06	48.00	1093
北京中考数学压轴题解题方法突破(第 8 版)	2022—11	78.00	1577
助你高考成功的数学解题智慧:知识是智慧的基础	2016—01	58.00	596
助你高考成功的数学解题智慧:错误是智慧的试金石	2016—04	58.00	643
助你高考成功的数学解题智慧:方法是智慧的推手	2016—04	68.00	657
高考数学奇思妙解	2016—04	38.00	610
高考数学解题策略	2016—05	48.00	670
数学解题泄天机(第 2 版)	2017—10	48.00	850

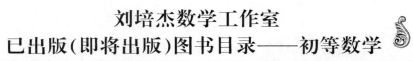

书 名	出版时间	定 价	编号
高考物理压轴题全解	2017—04	58.00	746
高中物理经典问题25讲	2017—05	28.00	764
高中物理教学讲义	2018—01	48.00	871
高中物理教学讲义:全模块	2022—03	98.00	1492
高中物理答疑解惑65篇	2021—11	48.00	1462
中学物理基础问题解析	2020—08	48.00	1183
初中数学、高中数学脱节知识补缺教材	2017—06	48.00	766
高考数学小题抢分必练	2017—10	48.00	834
高考数学核心素养解读	2017—09	38.00	839
高考数学客观题解题方法和技巧	2017—10	38.00	847
十年高考数学精品试题审题要津与解法研究	2021—10	98.00	1427
中国历届高考数学试题及解答.1949—1979	2018—01	38.00	877
历届中国高考数学试题及解答.第二卷,1980—1989	2018—10	28.00	975
历届中国高考数学试题及解答.第三卷,1990—1999	2018—10	48.00	976
数学文化与高考研究	2018—03	48.00	882
跟我学解高中数学题	2018—07	58.00	926
中学数学研究的方法及案例	2018—05	58.00	869
高考数学抢分技能	2018—07	68.00	934
高一新生常用数学方法和重要数学思想提升教材	2018—06	38.00	921
2018年高考数学真题研究	2019—01	68.00	1000
2019年高考数学真题研究	2020—05	88.00	1137
高考数学全国卷六道解答题常考题型解题诀窍:理科(全2册)	2019—07	78.00	1101
高考数学全国卷16道选择、填空题常考题型解题诀窍.理科	2018—09	88.00	971
高考数学全国卷16道选择、填空题常考题型解题诀窍.文科	2020—01	88.00	1123
高中数学一题多解	2019—06	58.00	1087
历届中国高考数学试题及解答:1917—1999	2021—08	98.00	1371
2000~2003年全国及各省市高考数学试题及解答	2022—05	88.00	1499
2004年全国及各省市高考数学试题及解答	2022—07	78.00	1500
突破高原:高中数学解题思维探究	2021—08	48.00	1375
高考数学中的"取值范围"	2021—10	48.00	1429
新课程标准高中数学各种题型解法大全.必修一分册	2021—06	58.00	1315
新课程标准高中数学各种题型解法大全.必修二分册	2022—01	68.00	1471
高中数学各种题型解法大全.选择性必修一分册	2022—06	68.00	1525
高中数学各种题型解法大全.选择性必修二分册	2023—01	58.00	1600
高中数学各种题型解法大全.选择性必修三分册	2023—04	48.00	1643
历届全国初中数学竞赛经典试题详解	2023—04	88.00	1624

书 名	出版时间	定 价	编号
新编640个世界著名数学智力趣题	2014—01	88.00	242
500个最新世界著名数学智力趣题	2008—06	48.00	3
400个最新世界著名数学最值问题	2008—09	48.00	36
500个世界著名数学征解问题	2009—06	48.00	52
400个中国最佳初等数学征解老问题	2010—01	48.00	60
500个俄罗斯数学经典老题	2011—01	28.00	81
1000个国外中学物理好题	2012—04	48.00	174
300个日本高考数学题	2012—05	38.00	142
700个早期日本高考数学试题	2017—02	88.00	752
500个前苏联早期高考数学试题及解答	2012—05	28.00	185
546个早期俄罗斯大学生数学竞赛题	2014—03	38.00	285
548个来自美苏的数学好问题	2014—11	28.00	396
20所苏联著名大学早期入学试题	2015—02	18.00	452
161道德国工科大学生必做的微分方程习题	2015—05	28.00	469
500个德国工科大学生必做的高数习题	2015—06	28.00	478
360个数学竞赛问题	2016—08	58.00	677
200个趣味数学故事	2018—01	48.00	857
470个数学奥林匹克中的最值问题	2018—10	88.00	985
德国讲义日本考题.微积分卷	2015—04	48.00	456
德国讲义日本考题.微分方程卷	2015—04	38.00	457
二十世纪中叶中、英、美、日、法、俄高考数学试题精选	2017—06	38.00	783

刘培杰数学工作室
已出版(即将出版)图书目录——初等数学

书 名	出版时间	定 价	编号
中国初等数学研究 2009 卷(第 1 辑)	2009—05	20.00	45
中国初等数学研究 2010 卷(第 2 辑)	2010—05	30.00	68
中国初等数学研究 2011 卷(第 3 辑)	2011—07	60.00	127
中国初等数学研究 2012 卷(第 4 辑)	2012—07	48.00	190
中国初等数学研究 2014 卷(第 5 辑)	2014—02	48.00	288
中国初等数学研究 2015 卷(第 6 辑)	2015—06	68.00	493
中国初等数学研究 2016 卷(第 7 辑)	2016—04	68.00	609
中国初等数学研究 2017 卷(第 8 辑)	2017—01	98.00	712
初等数学研究在中国.第 1 辑	2019—03	158.00	1024
初等数学研究在中国.第 2 辑	2019—10	158.00	1116
初等数学研究在中国.第 3 辑	2021—05	158.00	1306
初等数学研究在中国.第 4 辑	2022—06	158.00	1520
几何变换(Ⅰ)	2014—07	28.00	353
几何变换(Ⅱ)	2015—06	28.00	354
几何变换(Ⅲ)	2015—01	38.00	355
几何变换(Ⅳ)	2015—12	38.00	356
初等数论难题集(第一卷)	2009—05	68.00	44
初等数论难题集(第二卷)(上、下)	2011—02	128.00	82,83
数论概貌	2011—03	18.00	93
代数数论(第二版)	2013—08	58.00	94
代数多项式	2014—06	38.00	289
初等数论的知识与问题	2011—02	28.00	95
超越数论基础	2011—03	28.00	96
数论初等教程	2011—03	28.00	97
数论基础	2011—03	18.00	98
数论基础与维诺格拉多夫	2014—03	18.00	292
解析数论基础	2012—08	28.00	216
解析数论基础(第二版)	2014—01	48.00	287
解析数论问题集(第二版)(原版引进)	2014—05	88.00	343
解析数论问题集(第二版)(中译本)	2016—04	88.00	607
解析数论基础(潘承洞,潘承彪著)	2016—07	98.00	673
解析数论导引	2016—07	58.00	674
数论入门	2011—03	38.00	99
代数数论入门	2015—03	38.00	448
数论开篇	2012—07	28.00	194
解析数论引论	2011—03	48.00	100
Barban Davenport Halberstam 均值和	2009—01	40.00	33
基础数论	2011—03	28.00	101
初等数论 100 例	2011—05	18.00	122
初等数论经典例题	2012—07	18.00	204
最新世界各国数学奥林匹克中的初等数论试题(上、下)	2012—01	138.00	144,145
初等数论(Ⅰ)	2012—01	18.00	156
初等数论(Ⅱ)	2012—01	18.00	157
初等数论(Ⅲ)	2012—01	28.00	158

刘培杰数学工作室
已出版(即将出版)图书目录——初等数学

书　名	出版时间	定　价	编号
平面几何与数论中未解决的新老问题	2013－01	68.00	229
代数数论简史	2014－11	28.00	408
代数数论	2015－09	88.00	532
代数、数论及分析习题集	2016－11	98.00	695
数论导引提要及习题解答	2016－01	48.00	559
素数定理的初等证明.第2版	2016－09	48.00	686
数论中的模函数与狄利克雷级数(第二版)	2017－11	78.00	837
数论:数学导引	2018－01	68.00	849
范氏大代数	2019－02	98.00	1016
解析数学讲义.第一卷,导来式及微分、积分、级数	2019－04	88.00	1021
解析数学讲义.第二卷,关于几何的应用	2019－04	68.00	1022
解析数学讲义.第三卷,解析函数论	2019－04	78.00	1023
分析·组合·数论纵横谈	2019－04	58.00	1039
Hall代数:民国时期的中学数学课本:英文	2019－08	88.00	1106
基谢廖夫初等代数	2022－07	38.00	1531
数学精神巡礼	2019－01	58.00	731
数学眼光透视(第2版)	2017－06	78.00	732
数学思想领悟(第2版)	2018－01	68.00	733
数学方法溯源(第2版)	2018－08	68.00	734
数学解题引论	2017－05	58.00	735
数学史话览胜(第2版)	2017－01	48.00	736
数学应用展观(第2版)	2017－08	68.00	737
数学建模尝试	2018－04	48.00	738
数学竞赛采风	2018－01	68.00	739
数学测评探营	2019－05	58.00	740
数学技能操握	2018－03	48.00	741
数学欣赏拾趣	2018－02	48.00	742
从毕达哥拉斯到怀尔斯	2007－10	48.00	9
从迪利克雷到维斯卡尔迪	2008－01	48.00	21
从哥德巴赫到陈景润	2008－05	98.00	35
从庞加莱到佩雷尔曼	2011－08	138.00	136
博弈论精粹	2008－03	58.00	30
博弈论精粹.第二版(精装)	2015－01	88.00	461
数学 我爱你	2008－01	28.00	20
精神的圣徒　别样的人生——60位中国数学家成长的历程	2008－09	48.00	39
数学史概论	2009－06	78.00	50
数学史概论(精装)	2013－03	158.00	272
数学史选讲	2016－01	48.00	544
斐波那契数列	2010－02	28.00	65
数学拼盘和斐波那契魔方	2010－07	38.00	72
斐波那契数列欣赏(第2版)	2018－08	58.00	948
Fibonacci数列中的明珠	2018－06	58.00	928
数学的创造	2011－02	48.00	85
数学美与创造力	2016－01	48.00	595
数海拾贝	2016－01	48.00	590
数学中的美(第2版)	2019－04	68.00	1057
数论中的美学	2014－12	38.00	351

刘培杰数学工作室
已出版(即将出版)图书目录——初等数学

书　　名	出版时间	定　价	编号
数学王者　科学巨人——高斯	2015—01	28.00	428
振兴祖国数学的圆梦之旅:中国初等数学研究史话	2015—06	98.00	490
二十世纪中国数学史料研究	2015—10	48.00	536
数字谜、数阵图与棋盘覆盖	2016—01	58.00	298
时间的形状	2016—01	38.00	556
数学发现的艺术:数学探索中的合情推理	2016—07	58.00	671
活跃在数学中的参数	2016—07	48.00	675
数海趣史	2021—05	98.00	1314
数学解题——靠数学思想给力(上)	2011—07	38.00	131
数学解题——靠数学思想给力(中)	2011—07	48.00	132
数学解题——靠数学思想给力(下)	2011—07	38.00	133
我怎样解题	2013—01	48.00	227
数学解题中的物理方法	2011—06	28.00	114
数学解题的特殊方法	2011—06	48.00	115
中学数学计算技巧(第2版)	2020—10	48.00	1220
中学数学证明方法	2012—01	58.00	117
数学趣题巧解	2012—03	28.00	128
高中数学教学通鉴	2015—05	58.00	479
和高中生漫谈:数学与哲学的故事	2014—08	28.00	369
算术问题集	2017—03	38.00	789
张教授讲数学	2018—07	38.00	933
陈永明实话实说数学教学	2020—04	68.00	1132
中学数学学科知识与教学能力	2020—06	58.00	1155
怎样把课讲好:大罕数学教学随笔	2022—03	58.00	1484
中国高考评价体系下高考数学探秘	2022—03	48.00	1487
自主招生考试中的参数方程问题	2015—01	28.00	435
自主招生考试中的极坐标问题	2015—04	28.00	463
近年全国重点大学自主招生数学试题全解及研究.华约卷	2015—02	38.00	441
近年全国重点大学自主招生数学试题全解及研究.北约卷	2016—05	38.00	619
自主招生数学解证宝典	2015—09	48.00	535
中国科学技术大学创新班数学真题解析	2022—03	48.00	1488
中国科学技术大学创新班物理真题解析	2022—03	58.00	1489
格点和面积	2012—07	18.00	191
射影几何趣谈	2012—04	28.00	175
斯潘纳尔引理——从一道加拿大数学奥林匹克试题谈起	2014—01	28.00	228
李普希兹条件——从几道近年高考数学试题谈起	2012—10	18.00	221
拉格朗日中值定理——从一道北京高考试题的解法谈起	2015—01	18.00	197
闵科夫斯基定理——从一道清华大学自主招生试题谈起	2014—01	28.00	198
哈尔测度——从一道冬令营试题的背景谈起	2012—08	28.00	202
切比雪夫逼近问题——从一道中国台北数学奥林匹克试题谈起	2013—04	38.00	238
伯恩斯坦多项式与贝齐尔曲面——从一道全国高中数学联赛试题谈起	2013—03	38.00	236
卡塔兰猜想——从一道普特南竞赛试题谈起	2013—06	18.00	256
麦卡锡函数和阿克曼函数——从一道前南斯拉夫数学奥林匹克试题谈起	2012—08	18.00	201
贝蒂定理与拉姆贝克莫斯尔定理——从一个拣石子游戏谈起	2012—08	18.00	217
皮亚诺曲线和豪斯道夫分球定理——从无限集谈起	2012—08	18.00	211
平面凸图形与凸多面体	2012—10	28.00	218
斯坦因豪斯问题——从一道二十五省市自治区中学数学竞赛试题谈起	2012—07	18.00	196

刘培杰数学工作室
已出版(即将出版)图书目录——初等数学

书　名	出版时间	定　价	编号
纽结理论中的亚历山大多项式与琼斯多项式——从一道北京市高一数学竞赛试题谈起	2012—07	28.00	195
原则与策略——从波利亚"解题表"谈起	2013—04	38.00	244
转化与化归——从三大尺规作图不能问题谈起	2012—08	28.00	214
代数几何中的贝祖定理(第一版)——从一道 IMO 试题的解法谈起	2013—08	18.00	193
成功连贯理论与约当块理论——从一道比利时数学竞赛试题谈起	2012—04	18.00	180
素数判定与大数分解	2014—08	18.00	199
置换多项式及其应用	2012—10	18.00	220
椭圆函数与模函数——从一道美国加州大学洛杉矶分校(UCLA)博士资格考题谈起	2012—10	28.00	219
差分方程的拉格朗日方法——从一道 2011 年全国高考理科试题的解法谈起	2012—08	28.00	200
力学在几何中的一些应用	2013—01	38.00	240
从根式解到伽罗华理论	2020—01	48.00	1121
康托洛维奇不等式——从一道全国高中联赛试题谈起	2013—03	28.00	337
西格尔引理——从一道第 18 届 IMO 试题的解法谈起	即将出版		
罗斯定理——从一道前苏联数学竞赛试题谈起	即将出版		
拉克斯定理和阿廷定理——从一道 IMO 试题的解法谈起	2014—01	58.00	246
毕卡大定理——从一道美国大学数学竞赛试题谈起	2014—07	18.00	350
贝齐尔曲线——从一道全国高中联赛试题谈起	即将出版		
拉格朗日乘子定理——从一道 2005 年全国高中联赛试题的高等数学解法谈起	2015—05	28.00	480
雅可比定理——从一道日本数学奥林匹克试题谈起	2013—04	48.00	249
李天岩—约克定理——从一道波兰数学竞赛试题谈起	2014—06	28.00	349
受控理论与初等不等式:从一道 IMO 试题的解法谈起	2023—03	48.00	1601
布劳维不动点定理——从一道前苏联数学奥林匹克试题谈起	2014—01	38.00	273
伯恩赛德定理——从一道英国数学奥林匹克试题谈起	即将出版		
布查特—莫斯特定理——从一道上海市初中竞赛试题谈起	即将出版		
数论中的同余数问题——从一道普特南竞赛试题谈起	即将出版		
范·德蒙行列式——从一道美国数学奥林匹克试题谈起	即将出版		
中国剩余定理:总数法构建中国历史年表	2015—01	28.00	430
牛顿程序与方程求根——从一道全国高考试题解法谈起	即将出版		
库默尔定理——从一道 IMO 预选试题谈起	即将出版		
卢丁定理——从一道冬令营试题的解法谈起	即将出版		
沃斯滕霍姆定理——从一道 IMO 预选试题谈起	即将出版		
卡尔松不等式——从一道莫斯科数学奥林匹克试题谈起	即将出版		
信息论中的香农熵——从一道近年高考压轴题谈起	即将出版		
约当不等式——从一道希望杯竞赛试题谈起	即将出版		
拉比诺维奇定理	即将出版		
刘维尔定理——从一道《美国数学月刊》征解问题的解法谈起	即将出版		
卡塔兰恒等式与级数求和——从一道 IMO 试题的解法谈起	即将出版		
勒让德猜想与素数分布——从一道爱尔兰竞赛试题谈起	即将出版		
天平称重与信息论——从一道基辅市数学奥林匹克试题谈起	即将出版		
哈密尔顿—凯莱定理:从一道高中数学联赛试题的解法谈起	2014—09	18.00	376
艾思特曼定理——从一道 CMO 试题的解法谈起	即将出版		

刘培杰数学工作室
已出版(即将出版)图书目录——初等数学

书　名	出版时间	定　价	编号
阿贝尔恒等式与经典不等式及应用	2018—06	98.00	923
迪利克雷除数问题	2018—07	48.00	930
幻方、幻立方与拉丁方	2019—08	48.00	1092
帕斯卡三角形	2014—03	18.00	294
蒲丰投针问题——从2009年清华大学的一道自主招生试题谈起	2014—01	38.00	295
斯图姆定理——从一道"华约"自主招生试题的解法谈起	2014—01	18.00	296
许瓦兹引理——从一道加利福尼亚大学伯克利分校数学系博士生试题谈起	2014—08	18.00	297
拉姆塞定理——从王诗宬院士的一个问题谈起	2016—04	48.00	299
坐标法	2013—12	28.00	332
数论三角形	2014—04	38.00	341
毕克定理	2014—07	18.00	352
数林掠影	2014—09	48.00	389
我们周围的概率	2014—10	38.00	390
凸函数最值定理:从一道华约自主招生题的解法谈起	2014—10	28.00	391
易学与数学奥林匹克	2014—10	38.00	392
生物数学趣谈	2015—01	18.00	409
反演	2015—01	28.00	420
因式分解与圆锥曲线	2015—01	18.00	426
轨迹	2015—01	28.00	427
面积原理:从常庚哲命的一道CMO试题的积分解法谈起	2015—01	48.00	431
形形色色的不动点定理:从一道28届IMO试题谈起	2015—01	38.00	439
柯西函数方程:从一道上海交大自主招生的试题谈起	2015—02	28.00	440
三角恒等式	2015—02	28.00	442
无理性判定:从一道2014年"北约"自主招生试题谈起	2015—01	38.00	443
数学归纳法	2015—03	18.00	451
极端原理与解题	2015—04	28.00	464
法雷级数	2014—08	18.00	367
摆线族	2015—01	38.00	438
函数方程及其解法	2015—05	38.00	470
含参数的方程和不等式	2012—09	28.00	213
希尔伯特第十问题	2016—01	38.00	543
无穷小量的求和	2016—01	28.00	545
切比雪夫多项式:从一道清华大学金秋营试题谈起	2016—01	38.00	583
泽肯多夫定理	2016—03	38.00	599
代数等式证题法	2016—01	28.00	600
三角等式证题法	2016—01	28.00	601
吴大任教授藏书中的一个因式分解公式:从一道美国数学邀请赛试题的解法谈起	2016—06	28.00	656
易卦——类万物的数学模型	2017—08	68.00	838
"不可思议"的数与数系可持续发展	2018—01	38.00	878
最短线	2018—01	38.00	879
数学在天文、地理、光学、机械力学中的一些应用	2023—03	88.00	1576
从阿基米德三角形谈起	2023—01	28.00	1578
幻方和魔方(第一卷)	2012—05	68.00	173
尘封的经典——初等数学经典文献选读(第一卷)	2012—07	48.00	205
尘封的经典——初等数学经典文献选读(第二卷)	2012—07	38.00	206
初级方程式论	2011—03	28.00	106
初等数学研究(Ⅰ)	2008—09	68.00	37
初等数学研究(Ⅱ)(上、下)	2009—05	118.00	46,47
初等数学专题研究	2022—10	68.00	1568

刘培杰数学工作室
已出版(即将出版)图书目录——初等数学

书　名	出版时间	定　价	编号
趣味初等方程妙题集锦	2014—09	48.00	388
趣味初等数论选美与欣赏	2015—02	48.00	445
耕读笔记(上卷):一位农民数学爱好者的初数探索	2015—04	28.00	459
耕读笔记(中卷):一位农民数学爱好者的初数探索	2015—05	28.00	483
耕读笔记(下卷):一位农民数学爱好者的初数探索	2015—05	28.00	484
几何不等式研究与欣赏.上卷	2016—01	88.00	547
几何不等式研究与欣赏.下卷	2016—01	48.00	552
初等数列研究与欣赏·上	2016—01	48.00	570
初等数列研究与欣赏·下	2016—01	48.00	571
趣味初等函数研究与欣赏.上	2016—09	48.00	684
趣味初等函数研究与欣赏.下	2018—09	48.00	685
三角不等式研究与欣赏	2020—10	68.00	1197
新编平面解析几何解题方法研究与欣赏	2021—10	78.00	1426
火柴游戏(第2版)	2022—05	38.00	1493
智力解谜.第1卷	2017—07	38.00	613
智力解谜.第2卷	2017—07	38.00	614
故事智力	2016—07	48.00	615
名人们喜欢的智力问题	2020—01	48.00	616
数学大师的发现、创造与失误	2018—01	48.00	617
异曲同工	2018—09	48.00	618
数学的味道	2018—01	58.00	798
数学千字文	2018—10	68.00	977
数贝偶拾——高考数学题研究	2014—04	28.00	274
数贝偶拾——初等数学研究	2014—04	38.00	275
数贝偶拾——奥数题研究	2014—04	48.00	276
钱昌本教你快乐学数学(上)	2011—12	48.00	155
钱昌本教你快乐学数学(下)	2012—03	58.00	171
集合、函数与方程	2014—01	28.00	300
数列与不等式	2014—01	38.00	301
三角与平面向量	2014—01	28.00	302
平面解析几何	2014—01	38.00	303
立体几何与组合	2014—01	28.00	304
极限与导数、数学归纳法	2014—01	38.00	305
趣味数学	2014—03	28.00	306
教材教法	2014—04	68.00	307
自主招生	2014—05	58.00	308
高考压轴题(上)	2015—01	48.00	309
高考压轴题(下)	2014—10	68.00	310
从费马到怀尔斯——费马大定理的历史	2013—10	198.00	I
从庞加莱到佩雷尔曼——庞加莱猜想的历史	2013—10	298.00	II
从切比雪夫到爱尔特希(上)——素数定理的初等证明	2013—07	48.00	III
从切比雪夫到爱尔特希(下)——素数定理100年	2012—12	98.00	III
从高斯到盖尔方特——二次域的高斯猜想	2013—10	198.00	IV
从库默尔到朗兰兹——朗兰兹猜想的历史	2014—01	98.00	V
从比勃巴赫到德布朗斯——比勃巴赫猜想的历史	2014—02	298.00	VI
从麦比乌斯到陈省身——麦比乌斯变换与麦比乌斯带	2014—02	298.00	VII
从布尔到豪斯道夫——布尔方程与格论漫谈	2013—10	198.00	VIII
从开普勒到阿诺德——三体问题的历史	2014—05	298.00	IX
从华林到华罗庚——华林问题的历史	2013—10	298.00	X

刘培杰数学工作室
已出版(即将出版)图书目录——初等数学

书　名	出版时间	定　价	编号
美国高中数学竞赛五十讲.第1卷(英文)	2014-08	28.00	357
美国高中数学竞赛五十讲.第2卷(英文)	2014-08	28.00	358
美国高中数学竞赛五十讲.第3卷(英文)	2014-09	28.00	359
美国高中数学竞赛五十讲.第4卷(英文)	2014-09	28.00	360
美国高中数学竞赛五十讲.第5卷(英文)	2014-10	28.00	361
美国高中数学竞赛五十讲.第6卷(英文)	2014-11	28.00	362
美国高中数学竞赛五十讲.第7卷(英文)	2014-12	28.00	363
美国高中数学竞赛五十讲.第8卷(英文)	2015-01	28.00	364
美国高中数学竞赛五十讲.第9卷(英文)	2015-01	28.00	365
美国高中数学竞赛五十讲.第10卷(英文)	2015-02	38.00	366
三角函数(第2版)	2017-04	38.00	626
不等式	2014-01	38.00	312
数列	2014-01	38.00	313
方程(第2版)	2017-04	38.00	624
排列和组合	2014-01	28.00	315
极限与导数(第2版)	2016-04	38.00	635
向量(第2版)	2018-08	58.00	627
复数及其应用	2014-08	28.00	318
函数	2014-01	38.00	319
集合	2020-01	48.00	320
直线与平面	2014-01	28.00	321
立体几何(第2版)	2016-04	38.00	629
解三角形	即将出版		323
直线与圆(第2版)	2016-11	38.00	631
圆锥曲线(第2版)	2016-09	48.00	632
解题通法(一)	2014-07	38.00	326
解题通法(二)	2014-07	38.00	327
解题通法(三)	2014-05	38.00	328
概率与统计	2014-01	28.00	329
信息迁移与算法	即将出版		330
IMO 50年.第1卷(1959-1963)	2014-11	28.00	377
IMO 50年.第2卷(1964-1968)	2014-11	28.00	378
IMO 50年.第3卷(1969-1973)	2014-09	28.00	379
IMO 50年.第4卷(1974-1978)	2016-04	38.00	380
IMO 50年.第5卷(1979-1984)	2015-04	38.00	381
IMO 50年.第6卷(1985-1989)	2015-04	58.00	382
IMO 50年.第7卷(1990-1994)	2016-01	48.00	383
IMO 50年.第8卷(1995-1999)	2016-06	38.00	384
IMO 50年.第9卷(2000-2004)	2015-04	58.00	385
IMO 50年.第10卷(2005-2009)	2016-01	48.00	386
IMO 50年.第11卷(2010-2015)	2017-03	48.00	646

刘培杰数学工作室
已出版（即将出版）图书目录——初等数学

书　名	出版时间	定　价	编号
数学反思(2006—2007)	2020—09	88.00	915
数学反思(2008—2009)	2019—01	68.00	917
数学反思(2010—2011)	2018—05	58.00	916
数学反思(2012—2013)	2019—01	58.00	918
数学反思(2014—2015)	2019—03	78.00	919
数学反思(2016—2017)	2021—03	58.00	1286
数学反思(2018—2019)	2023—01	88.00	1593
历届美国大学生数学竞赛试题集.第一卷(1938—1949)	2015—01	28.00	397
历届美国大学生数学竞赛试题集.第二卷(1950—1959)	2015—01	28.00	398
历届美国大学生数学竞赛试题集.第三卷(1960—1969)	2015—01	28.00	399
历届美国大学生数学竞赛试题集.第四卷(1970—1979)	2015—01	18.00	400
历届美国大学生数学竞赛试题集.第五卷(1980—1989)	2015—01	28.00	401
历届美国大学生数学竞赛试题集.第六卷(1990—1999)	2015—01	28.00	402
历届美国大学生数学竞赛试题集.第七卷(2000—2009)	2015—08	18.00	403
历届美国大学生数学竞赛试题集.第八卷(2010—2012)	2015—01	18.00	404
新课标高考数学创新题解题诀窍:总论	2014—09	28.00	372
新课标高考数学创新题解题诀窍:必修1~5分册	2014—08	38.00	373
新课标高考数学创新题解题诀窍:选修2—1,2—2,1—1,1—2分册	2014—09	38.00	374
新课标高考数学创新题解题诀窍:选修2—3,4—4,4—5分册	2014—09	18.00	375
全国重点大学自主招生英文数学试题全攻略:词汇卷	2015—07	48.00	410
全国重点大学自主招生英文数学试题全攻略:概念卷	2015—01	28.00	411
全国重点大学自主招生英文数学试题全攻略:文章选读卷(上)	2016—09	38.00	412
全国重点大学自主招生英文数学试题全攻略:文章选读卷(下)	2017—01	58.00	413
全国重点大学自主招生英文数学试题全攻略:试题卷	2015—07	38.00	414
全国重点大学自主招生英文数学试题全攻略:名著欣赏卷	2017—03	48.00	415
劳埃德数学趣题大全.题目卷.1:英文	2016—01	18.00	516
劳埃德数学趣题大全.题目卷.2:英文	2016—01	18.00	517
劳埃德数学趣题大全.题目卷.3:英文	2016—01	18.00	518
劳埃德数学趣题大全.题目卷.4:英文	2016—01	18.00	519
劳埃德数学趣题大全.题目卷.5:英文	2016—01	18.00	520
劳埃德数学趣题大全.答案卷.英文	2016—01	18.00	521
李成章教练奥数笔记.第1卷	2016—01	48.00	522
李成章教练奥数笔记.第2卷	2016—01	48.00	523
李成章教练奥数笔记.第3卷	2016—01	38.00	524
李成章教练奥数笔记.第4卷	2016—01	38.00	525
李成章教练奥数笔记.第5卷	2016—01	38.00	526
李成章教练奥数笔记.第6卷	2016—01	38.00	527
李成章教练奥数笔记.第7卷	2016—01	38.00	528
李成章教练奥数笔记.第8卷	2016—01	48.00	529
李成章教练奥数笔记.第9卷	2016—01	28.00	530

刘培杰数学工作室
已出版(即将出版)图书目录——初等数学

书　名	出版时间	定　价	编号
第19~23届"希望杯"全国数学邀请赛试题审题要津详细评注(初一版)	2014—03	28.00	333
第19~23届"希望杯"全国数学邀请赛试题审题要津详细评注(初二、初三版)	2014—03	38.00	334
第19~23届"希望杯"全国数学邀请赛试题审题要津详细评注(高一版)	2014—03	28.00	335
第19~23届"希望杯"全国数学邀请赛试题审题要津详细评注(高二版)	2014—03	38.00	336
第19~25届"希望杯"全国数学邀请赛试题审题要津详细评注(初一版)	2015—01	38.00	416
第19~25届"希望杯"全国数学邀请赛试题审题要津详细评注(初二、初三版)	2015—01	58.00	417
第19~25届"希望杯"全国数学邀请赛试题审题要津详细评注(高一版)	2015—01	48.00	418
第19~25届"希望杯"全国数学邀请赛试题审题要津详细评注(高二版)	2015—01	48.00	419
物理奥林匹克竞赛大题典——力学卷	2014—11	48.00	405
物理奥林匹克竞赛大题典——热学卷	2014—04	28.00	339
物理奥林匹克竞赛大题典——电磁学卷	2015—07	48.00	406
物理奥林匹克竞赛大题典——光学与近代物理卷	2014—06	28.00	345
历届中国东南地区数学奥林匹克试题集(2004~2012)	2014—06	18.00	346
历届中国西部地区数学奥林匹克试题集(2001~2012)	2014—07	18.00	347
历届中国女子数学奥林匹克试题集(2002~2012)	2014—08	18.00	348
数学奥林匹克在中国	2014—06	98.00	344
数学奥林匹克问题集	2014—01	38.00	267
数学奥林匹克不等式散论	2010—06	38.00	124
数学奥林匹克不等式欣赏	2011—09	38.00	138
数学奥林匹克超级题库(初中卷上)	2010—01	58.00	66
数学奥林匹克不等式证明方法和技巧(上、下)	2011—08	158.00	134,135
他们学什么:原民主德国中学数学课本	2016—09	38.00	658
他们学什么:英国中学数学课本	2016—09	38.00	659
他们学什么:法国中学数学课本.1	2016—09	38.00	660
他们学什么:法国中学数学课本.2	2016—09	28.00	661
他们学什么:法国中学数学课本.3	2016—09	38.00	662
他们学什么:苏联中学数学课本	2016—09	28.00	679
高中数学题典——集合与简易逻辑·函数	2016—07	48.00	647
高中数学题典——导数	2016—07	48.00	648
高中数学题典——三角函数·平面向量	2016—07	48.00	649
高中数学题典——数列	2016—07	58.00	650
高中数学题典——不等式·推理与证明	2016—07	38.00	651
高中数学题典——立体几何	2016—07	48.00	652
高中数学题典——平面解析几何	2016—07	78.00	653
高中数学题典——计数原理·统计·概率·复数	2016—07	48.00	654
高中数学题典——算法·平面几何·初等数论·组合数学·其他	2016—07	68.00	655

刘培杰数学工作室
已出版(即将出版)图书目录——初等数学

书　名	出版时间	定　价	编号
台湾地区奥林匹克数学竞赛试题.小学一年级	2017—03	38.00	722
台湾地区奥林匹克数学竞赛试题.小学二年级	2017—03	38.00	723
台湾地区奥林匹克数学竞赛试题.小学三年级	2017—03	38.00	724
台湾地区奥林匹克数学竞赛试题.小学四年级	2017—03	38.00	725
台湾地区奥林匹克数学竞赛试题.小学五年级	2017—03	38.00	726
台湾地区奥林匹克数学竞赛试题.小学六年级	2017—03	38.00	727
台湾地区奥林匹克数学竞赛试题.初中一年级	2017—03	38.00	728
台湾地区奥林匹克数学竞赛试题.初中二年级	2017—03	38.00	729
台湾地区奥林匹克数学竞赛试题.初中三年级	2017—03	28.00	730
不等式证题法	2017—04	28.00	747
平面几何培优教程	2019—08	88.00	748
奥数鼎级培优教程.高一分册	2018—09	88.00	749
奥数鼎级培优教程.高二分册.上	2018—04	68.00	750
奥数鼎级培优教程.高二分册.下	2018—04	68.00	751
高中数学竞赛冲刺宝典	2019—04	68.00	883
初中尖子生数学超级题典.实数	2017—07	58.00	792
初中尖子生数学超级题典.式、方程与不等式	2017—08	58.00	793
初中尖子生数学超级题典.圆、面积	2017—08	38.00	794
初中尖子生数学超级题典.函数、逻辑推理	2017—08	48.00	795
初中尖子生数学超级题典.角、线段、三角形与多边形	2017—07	58.00	796
数学王子——高斯	2018—01	48.00	858
坎坷奇星——阿贝尔	2018—01	48.00	859
闪烁奇星——伽罗瓦	2018—01	58.00	860
无穷统帅——康托尔	2018—01	48.00	861
科学公主——柯瓦列夫斯卡娅	2018—01	48.00	862
抽象代数之母——埃米·诺特	2018—01	48.00	863
电脑先驱——图灵	2018—01	58.00	864
昔日神童——维纳	2018—01	48.00	865
数坛怪侠——爱尔特希	2018—01	68.00	866
传奇数学家徐利治	2019—09	88.00	1110
当代世界中的数学.数学思想与数学基础	2019—01	38.00	892
当代世界中的数学.数学问题	2019—01	38.00	893
当代世界中的数学.应用数学与数学应用	2019—01	38.00	894
当代世界中的数学.数学王国的新疆域(一)	2019—01	38.00	895
当代世界中的数学.数学王国的新疆域(二)	2019—01	38.00	896
当代世界中的数学.数林撷英(一)	2019—01	38.00	897
当代世界中的数学.数林撷英(二)	2019—01	48.00	898
当代世界中的数学.数学之路	2019—01	38.00	899

刘培杰数学工作室
已出版(即将出版)图书目录——初等数学

书　名	出版时间	定　价	编号
105 个代数问题:来自 AwesomeMath 夏季课程	2019—02	58.00	956
106 个几何问题:来自 AwesomeMath 夏季课程	2020—07	58.00	957
107 个几何问题:来自 AwesomeMath 全年课程	2020—07	58.00	958
108 个代数问题:来自 AwesomeMath 全年课程	2019—01	68.00	959
109 个不等式:来自 AwesomeMath 夏季课程	2019—04	58.00	960
国际数学奥林匹克中的 110 个几何问题	即将出版		961
111 个代数和数论问题	2019—05	58.00	962
112 个组合问题:来自 AwesomeMath 夏季课程	2019—05	58.00	963
113 个几何不等式:来自 AwesomeMath 夏季课程	2020—08	58.00	964
114 个指数和对数问题:来自 AwesomeMath 夏季课程	2019—09	48.00	965
115 个三角问题:来自 AwesomeMath 夏季课程	2019—09	58.00	966
116 个代数不等式:来自 AwesomeMath 全年课程	2019—04	58.00	967
117 个多项式问题:来自 AwesomeMath 夏季课程	2021—09	58.00	1409
118 个数学竞赛不等式	2022—08	78.00	1526
紫色彗星国际数学竞赛试题	2019—02	58.00	999
数学竞赛中的数学:为数学爱好者、父母、教师和教练准备的丰富资源.第一部	2020—04	58.00	1141
数学竞赛中的数学:为数学爱好者、父母、教师和教练准备的丰富资源.第二部	2020—07	48.00	1142
和与积	2020—10	38.00	1219
数论:概念和问题	2020—12	68.00	1257
初等数学问题研究	2021—03	48.00	1270
数学奥林匹克中的欧几里得几何	2021—10	68.00	1413
数学奥林匹克题解新编	2022—01	58.00	1430
图论入门	2022—09	58.00	1554
澳大利亚中学数学竞赛试题及解答(初级卷)1978～1984	2019—02	28.00	1002
澳大利亚中学数学竞赛试题及解答(初级卷)1985～1991	2019—02	28.00	1003
澳大利亚中学数学竞赛试题及解答(初级卷)1992～1998	2019—02	28.00	1004
澳大利亚中学数学竞赛试题及解答(初级卷)1999～2005	2019—02	28.00	1005
澳大利亚中学数学竞赛试题及解答(中级卷)1978～1984	2019—03	28.00	1006
澳大利亚中学数学竞赛试题及解答(中级卷)1985～1991	2019—03	28.00	1007
澳大利亚中学数学竞赛试题及解答(中级卷)1992～1998	2019—03	28.00	1008
澳大利亚中学数学竞赛试题及解答(中级卷)1999～2005	2019—03	28.00	1009
澳大利亚中学数学竞赛试题及解答(高级卷)1978～1984	2019—05	28.00	1010
澳大利亚中学数学竞赛试题及解答(高级卷)1985～1991	2019—05	28.00	1011
澳大利亚中学数学竞赛试题及解答(高级卷)1992～1998	2019—05	28.00	1012
澳大利亚中学数学竞赛试题及解答(高级卷)1999～2005	2019—05	28.00	1013
天才中小学生智力测验题.第一卷	2019—03	38.00	1026
天才中小学生智力测验题.第二卷	2019—03	38.00	1027
天才中小学生智力测验题.第三卷	2019—03	38.00	1028
天才中小学生智力测验题.第四卷	2019—03	38.00	1029
天才中小学生智力测验题.第五卷	2019—03	38.00	1030
天才中小学生智力测验题.第六卷	2019—03	38.00	1031
天才中小学生智力测验题.第七卷	2019—03	38.00	1032
天才中小学生智力测验题.第八卷	2019—03	38.00	1033
天才中小学生智力测验题.第九卷	2019—03	38.00	1034
天才中小学生智力测验题.第十卷	2019—03	38.00	1035
天才中小学生智力测验题.第十一卷	2019—03	38.00	1036
天才中小学生智力测验题.第十二卷	2019—03	38.00	1037
天才中小学生智力测验题.第十三卷	2019—03	38.00	1038

刘培杰数学工作室
已出版(即将出版)图书目录——初等数学

书 名	出版时间	定 价	编号
重点大学自主招生数学备考全书:函数	2020—05	48.00	1047
重点大学自主招生数学备考全书:导数	2020—08	48.00	1048
重点大学自主招生数学备考全书:数列与不等式	2019—10	78.00	1049
重点大学自主招生数学备考全书:三角函数与平面向量	2020—08	68.00	1050
重点大学自主招生数学备考全书:平面解析几何	2020—07	58.00	1051
重点大学自主招生数学备考全书:立体几何与平面几何	2019—08	48.00	1052
重点大学自主招生数学备考全书:排列组合·概率统计·复数	2019—09	48.00	1053
重点大学自主招生数学备考全书:初等数论与组合数学	2019—08	48.00	1054
重点大学自主招生数学备考全书:重点大学自主招生真题.上	2019—04	68.00	1055
重点大学自主招生数学备考全书:重点大学自主招生真题.下	2019—04	58.00	1056
高中数学竞赛培训教程:平面几何问题的求解方法与策略.上	2018—05	68.00	906
高中数学竞赛培训教程:平面几何问题的求解方法与策略.下	2018—06	78.00	907
高中数学竞赛培训教程:整除与同余以及不定方程	2018—01	88.00	908
高中数学竞赛培训教程:组合计数与组合极值	2018—04	48.00	909
高中数学竞赛培训教程:初等代数	2019—04	78.00	1042
高中数学讲座:数学竞赛基础教程(第一册)	2019—06	48.00	1094
高中数学讲座:数学竞赛基础教程(第二册)	即将出版		1095
高中数学讲座:数学竞赛基础教程(第三册)	即将出版		1096
高中数学讲座:数学竞赛基础教程(第四册)	即将出版		1097
新编中学数学解题方法1000招丛书.实数(初中版)	2022—05	58.00	1291
新编中学数学解题方法1000招丛书.式(初中版)	2022—05	48.00	1292
新编中学数学解题方法1000招丛书.方程与不等式(初中版)	2021—04	58.00	1293
新编中学数学解题方法1000招丛书.函数(初中版)	2022—05	38.00	1294
新编中学数学解题方法1000招丛书.角(初中版)	2022—05	48.00	1295
新编中学数学解题方法1000招丛书.线段(初中版)	2022—05	48.00	1296
新编中学数学解题方法1000招丛书.三角形与多边形(初中版)	2021—04	48.00	1297
新编中学数学解题方法1000招丛书.圆(初中版)	2022—05	48.00	1298
新编中学数学解题方法1000招丛书.面积(初中版)	2021—07	28.00	1299
新编中学数学解题方法1000招丛书.逻辑推理(初中版)	2022—06	48.00	1300
高中数学题典精编.第一辑.函数	2022—01	58.00	1444
高中数学题典精编.第一辑.导数	2022—01	68.00	1445
高中数学题典精编.第一辑.三角函数·平面向量	2022—01	68.00	1446
高中数学题典精编.第一辑.数列	2022—01	58.00	1447
高中数学题典精编.第一辑.不等式·推理与证明	2022—01	58.00	1448
高中数学题典精编.第一辑.立体几何	2022—01	58.00	1449
高中数学题典精编.第一辑.平面解析几何	2022—01	68.00	1450
高中数学题典精编.第一辑.统计·概率·平面几何	2022—01	58.00	1451
高中数学题典精编.第一辑.初等数论·组合数学·数学文化·解题方法	2022—01	58.00	1452
历届全国初中数学竞赛试题分类解析.初等代数	2022—09	98.00	1555
历届全国初中数学竞赛试题分类解析.初等数论	2022—09	48.00	1556
历届全国初中数学竞赛试题分类解析.平面几何	2022—09	38.00	1557
历届全国初中数学竞赛试题分类解析.组合	2022—09	38.00	1558

联系地址:哈尔滨市南岗区复华四道街10号 哈尔滨工业大学出版社刘培杰数学工作室
网　　址:http://lpj.hit.edu.cn/
邮　　编:150006
联系电话:0451—86281378　　13904613167
E-mail:lpj1378@163.com